# 統計学でわかる
# ビッグデータ
BIG DATA

木下 栄蔵／水野 隆文 著

日科技連

# はじめに

　21世紀に入り，世紀のパラダイムは「コンピュータサイエンス」から「サービスサイエンス」へとパラダイムシフトしたという考えを筆者はもっている．この内容については第1章で詳しく述べるが，その結果「数学」が必要とされる，「数学の時代」に入ったのである．

　数学が重要な問題となる局面は3つある．1つ目は「暗号」であり，2つ目が「ビッグデータ」，そして3つ目が「統計学」である．本書では，特に2つ目の「ビッグデータ」と3つ目の「統計学」について論じているが，ここではこれら3つの局面から見た「現代社会」を説明することにする．

　筆者の友人である大学教員は，近年勤務している大学のサーバがハッカーから攻撃を受けたことを話してくれた．事の次第は省略するが，近年このような事件が官民を問わず頻発している．その理由は，現代が「暗号解読の戦い」になっているからである．暗号解読が「情報（インテリジェンス）」を制し，情報を制するものが世界を制するからである．そして，暗号解読には「数学」が必須なのである．

　次に，「ビッグデータ」に関しては，筆者が勤務している名城大学都市情報学部の例を説明する．本学部は，1995年4月に名城大学7番目の学部として誕生した，全国初の都市情報学部である．本学部のコンセプトは，「都市問題を解決する」をキーワードに，都市問題を社会科学的，人文科学的（文系的）にとらえ，解決する手段を情報数理的（理系的）に検討し導き出す，いわゆる文理融合の学部である．さて，このような「都市問題を情報数理的に解決する」ためには，「ビッグデータ」が必須である．ある都市の未来を予測す

## はじめに

るという大きなテーマには，人間の移動，交通状況，エネルギーの需給，気象データという「ビッグデータ」をもとに，災害対策，都市政策，渋滞予測など，最適な「意思決定」を導出することが可能である．

最後に，「統計学」であるが，近年この学問の有用性は広く知られるようになった．それは，皮肉にも2008年9月に米国で起こった「リーマンショック」以降のことである．米国の大手投資銀行「リーマンブラザーズ」が破綻したのをきっかけにして全世界へ金融危機が拡大し，日本経済にも大きな痛手を残した．高度な統計学（数学）を駆使した「金融工学」の敗北である．これは，統計学を万能だと思い込んではならないという警告であると同時に，統計学を真に使いこなすには十分な理解が必要であり，特にリスクを扱う場合には，より慎重な態度が要求されるということである．そして，統計学は金融部門だけでなく，都市問題や医療分野，さらに広くあらゆる産業の経営戦略に不可欠の学問なのである．

以上3つの局面から，現代が「数学の時代」であることがわかる．

本書は，特に上述した2番目と3番目のテーマを取り上げ，「統計学でわかるビッグデータ」と題して，世に問うものである．

以下，各章の概要を説明する．

### ■第1章　ビッグデータが必要とされる時代背景

今，ビッグデータが必要とされる時代背景に，世紀を跨いでパラダイムシフトが進行していることが挙げられる．つまり，「コンピュータサイエンス」が進行した20世紀から，「サービスサイエンス」（成熟したコンピュータサイエンス，すなわち，ネットワーク社会の形成）が芽生えた21世紀への時代の変遷こそが「ビッグデータ」が必要とされる時代背景なのである．

それは，17世紀に発生した「資本主義」が形を変え始めているからである．すなわち，「従来型資本主義」から「サービスサイエンス型資本主義」への変遷である．
　この新しい資本主義ともいえる「サービスサイエンス型資本主義」を支えているのが，サービスサイエンスというコンセプトとICTの考えを取り入れたスマート社会であり，「ビッグデータ」という情報通信型データ技術である．したがって，このような新しい「資本主義」において勝ち残るためには，「ビッグデータ」という「技術」を取り入れた「経営戦略」で「企業（産）」，「政府（官）」，「大学（学）」，「NPOなど」を運営しなければならない．これこそが，「ビッグデータ」が必要とされる時代背景である．

## ■第2章　ビッグデータの正体

　「ビッグデータ」は，コンピュータ情報通信技術の発達により登場した，さまざまな分野で注目される，比較的新しい概念である．
　「ビッグデータ」を利用するには，「ビッグデータ」そのものについての理解が必要である．そこで，「ビッグデータ」について，まず一般的に用いられている3Vモデルによる定義を紹介し，ビッグデータが誕生した経緯と各国の取組みを簡潔に述べる．次に，「ビッグデータ」の中身とその大きさを，情報という側面から述べる．さらに，コンピュータシステムという側面から，「ビッグデータ」を扱うための技術基盤を紹介する．
　現代社会では，すでに「ビッグデータ」が利用され始めている．ここでは，実際に「ビッグデータ」を利用しているシステムを何点か紹介する．国の統計と「ビッグデータ」とのかかわりについて，国勢調査と経済センサスについても言及する．
　的確に利用すれば，「ビッグデータ」は有用なツールやデータとなる．しかし，そのためには「ビッグデータ」の特徴や現時点での

はじめに

限界を把握する必要がある．そこで，やや抽象的な解説になるが，「ビッグデータの正体」として，「ビッグデータ」の特徴を述べる．データの量，検索のコスト，データを用いた予測の困難さ，モデルとデータとの関係などを，「ビッグデータ」を扱う際の注意点として整理した．

■第3章　ビッグデータの解析に用いられる統計学

「統計学」は数学的演算により「ビッグデータ」から知識を得るための基本的な道具であり，「ビッグデータ」を扱う際には不可欠な「数学」である．

本章では，まず，「ビッグデータ」を記述するための記述統計について，平均値や分散といった基本的な概念を紹介する．次に，統計を解釈するために必要となる，確率変数と確率試行の関係，確率関数について述べる．そして，統計と確率との関係について述べる．さらに，統計を利用し，「ビッグデータ」を表現するある数字（母数）を推測するための推定という手続きについて，ここでは，最尤推定法と区間推定法を紹介する．

推定により母数が提示された場合，その推定がどの程度正しいかを表現する必要がある．検定はそのための手続きである．検定では，命題として提示された母数を，棄却するか採択するかで，その命題の正しさを表現する．検定における誤りの種類について述べた後，具体的な検定の手続きについて述べる．

さらに，発展的手法として，回帰分析，マルコフ連鎖，ベイズ統計，モデル選択などのトピックについても紹介する．

■第4章　ビッグデータ解析に用いられる統計学の例題

本章では6つの統計学の手法，「期待値」，「二項分布とポアソン分布」，「$t$検定など」，「比率の検定」，「マルコフ連鎖」，「ベイズの

はじめに

定理」を用いて日常的な問題を解決している．これらの手法は，サービスサイエンス型資本主義が支配する非日常なビジネスの世界では，データ数が指数関数的に増大し，膨大なものとなる．ビッグデータを統計学の観点から解析する手法の理解を進めるために，少ないデータ数の日常的問題を例題として紹介している．手法の用い方・考え方はデータ量の多寡を問わず共通である．本章の例題を通してビッグデータの扱い方を学んでほしい．

本書の執筆にあたって，第1章図1-9の作成を経済評論家の廣宮孝信博士にお願いしたところ，ご快諾いただきました．ここに深く感謝いたします．

最後に，本書の企画から出版にかかわる実務にいたるまでお世話になった，日科技連出版社の戸羽節文氏と石田新氏に厚く感謝いたします．

2016年1月　著者を代表して

名城大学都市情報学部
教授　木　下　栄　蔵

# 目　　次

はじめに　　iii

## 第 1 章　ビッグデータが必要とされる時代背景 …………… 1

1.1　ビッグデータとは　　2
1.2　なぜ，今ビッグデータが必要なのか　　6
1.3　ビッグデータの例　　16

## 第 2 章　ビッグデータの正体 ……………………………… 29

2.1　ビッグデータという概念　　30
2.2　ビッグデータとは　　33
2.3　ビッグデータの正体　　56

## 第 3 章　ビッグデータ解析に用いられる統計学 …………… 85

3.1　はじめに　　86
3.2　記述統計：代表値と散布度　　87
3.3　確率変数　　88
3.4　確率試行における期待値と分散　　90
3.5　離散型確率変数の確率関数　　92
3.6　連続型確率変数の確率密度関数　　94

目 次

- 3.7 統計の目的　96
- 3.8 推定　98
- 3.9 検定　103
- 3.10 回帰分析　106
- 3.11 マルコフ連鎖　107
- 3.12 ベイズ統計　108
- 3.13 モデル選択　112

## 第4章　ビッグデータ解析に用いられる統計学の例題… 115

- 4.1 期待値の例題　116
- 4.2 二項分布とポアソン分布の例題　120
- 4.3 平均値の検定（正規検定と $t$ 検定）の例題　125
- 4.4 比率の検定の例題　131
- 4.5 マルコフ連鎖の例題　135
- 4.6 ベイズの定理の例題　139

付表　143
引用・参考文献　147
索引　151

# 第1章

ビッグデータが
必要とされる時代背景

第1章　ビッグデータが必要とされる時代背景

## 1.1　ビッグデータとは

### 1.1.1　ビッグデータとは

　本書では，ビッグデータとは，「①量が多く，②高速にやりとりされ，③形態が多様であり，これらのどの観点からも，従来の技術ではとても扱えなくなるほど成長すると予測される情報」と定義する．また，本章の最後で取り扱う「公的なデータ」，すなわち，人口統計，雇用統計，経済統計，金融統計なども含まれる．さらに，このような「多くのデータ」を，「戦略的に取り扱う」ことも「ビックデータ」の特徴である．

　現代社会において，政治，経済，技術など多くの分野で，ビッグデータは大きなトピックとなっている．なぜなら，現代社会において，「ICT技術」が進化し，「人工知能」が飛躍的に発展している「現状」を鑑み，物事を「因果関係」から「相関関係」にシフトして考える必要に迫られているからである（2.3.6項参照）．本章では，ビッグデータがなぜ注目されているか，また，どのような活用の仕方があるか，その流れや時代背景，求められている分野について筆者の知見を示す．ところで，ビッグデータそのものについては，第2章で詳述する．

### 1.1.2　ビッグデータの使い方

　ビッグデータの使い方を理解していただくために，「ジップの法則」というビッグデータの典型的な例を説明する．発見者は，米国の言語学者ジップである．ジップの法則とは「データを大量に入手し，個々のアイテムごとに順位を付け，その頻度を数えると，1位の頻度を100とすれば，2位の頻度は50となり，1位の頻度の約1/2となる．また，3位の頻度は33となり，1位の頻度の約1/3

となる．同様に，4位と5位の頻度は，それぞれ，1位の頻度の約1/4，約1/5になる」というものである（図1-1）．

例えば，英語の文献を大量に入手し，その単語の頻度を調べると，1位が「the」で100とすると，2位が「of」で50となり，3位が「and」で33となり，4位が「to」で25となる．英語だけでなく，日本語，ドイツ語などの他の言語でも，単語は変わるが同様の傾向が見られるという．

別の例を挙げると，日本の人口は，現在約1億2,500万人といわれており，典型的なビッグデータと考えられる．これを各都道府県別に集計すると，2011年度の統計によれば，1位が東京都で約900万人，2位が横浜市で約400万人，3位が大阪市で約270万人，4位が名古屋市で220万人である．これを，東京都を100として整理すると，2位の横浜市が45，3位の大阪市が30，4位の名古屋市が25となり，少しの誤差はあるものの，ジップの法則どおりに整理される．一方，世界のGDP国別ランキングを基軸通貨ドルで表示

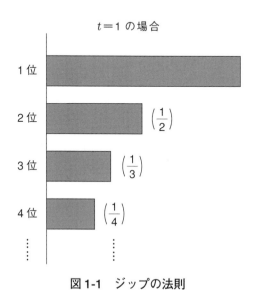

図1-1　ジップの法則

すると，1位が米国で17兆4,000億ドル，2位が中国で10兆4,000億ドル，3位が日本で4兆6,000億ドル，4位がドイツで3兆9,000億ドルである．これを，米国を100として整理すると，2位の中国が60，3位の日本が26，4位のドイツが22となる．少しの誤差はあるものの，ジップの法則どおりに整理される．

そもそも，ジップが発見した法則は，最初の例で示した単語の使用頻度と順位との関係から導出されたものであるが，前述の例のように，言語に限らず何らかの頻度と順位との関係に適用できることがわかる．ところで，頻度，順位，定数をそれぞれ $h$, $j$, $t$ で表すと，ジップの法則は以下の式で表現できることがわかる．

$$h \fallingdotseq \frac{t}{j} \times 100 \quad (t = 1, 2, 3, \cdots, n)$$

前述の例で考えると，1位の頻度を100とすれば，2位の頻度は約50となり，3位の頻度は約33になり，4位の頻度は約25となる．ただし，前述の例はすべて $t = 1$ と考えている．ジップの法則では，$t = 1$ のケースが多いが，$t = 2, 3$ の場合もある．

このように，ジップの法則というビッグデータの典型的な例により，上述した多くの事例が説明できる．

また，ジップの法則は，上位20％が全体の80％を握っているため，パレートの法則の特殊ケースであるといわれている．

パレートの法則とは，「世間に溢れる物事は80：20の比率で構成されている」というビッグデータの例である．発見者は，イタリアの経済学者パレートである．代表的なパレートの法則の応用例は以下の6つといわれている（パレートが提唱）．

① 世界中の富は，80％を20％の富裕層が所有し，残りの20％を80％の人々が分け合っている
② 仕事の成果の80％は，仕事に対してかかった時間の20％のみで生み出される

③　売上の80%は，すべての従業員の中の20%で作られている
④　売上の80%は，すべての商品の中の20%が占めている
⑤　所得税の80%は，すべての課税対象者の中の20%が支払っている
⑥　故障の80%は，すべての部品の中の20%が原因となっている

パレートの法則というビッグデータの例により，以下の経営的定理が導かれる．

① 戦略を絞る

　戦略を絞ることにより，「最も重要な目的は何か？」を明確にする．「大切なことは重要な20%」ということを戦略の基礎として，成功確率を上げていく必要がある．

② 特定の顧客と特定の商品を特別なものとして大事にする

　実際の顧客の満足度を調査すると，商品やサービスに対して不満を持つ層の大半はもともとのターゲットの層でなかった顧客が多い．ということは，メインの顧客は商品やサービスに対して満足していることになる．したがって，全体の20%のメインの顧客に対して「特別扱い」することで，一般客との差別化を図ることができ，将来の市場をつかみやすくなる．

③ 上位の顧客に戦略を集中する

　「お客さま」は「平等」ではなく，パレートの法則より「総売上の80%は20%の顧客が生み出している」ことになるので，80%の顧客からの売上を上げるよりも，売上上位20%の顧客からの売上の上昇を期待するほうが，より戦略的といえるのである．

このように，パレートの法則というビッグデータの例により，上記6つの提言と3つの戦略が導かれる．

## 1.2 なぜ，今ビッグデータが必要なのか

### 1.2.1 エントロピー制御の時代

筆者は，拙著『頭のムダ使い』(光文社，1983年)の中で，以下のような提言をしている．

「私の考えでは，現代の文明は，約1万年前から始まったものの延長線上にある．それは，一口で言えば，物質からエネルギーを取り出す方法を進歩させてきた文明である．木を燃やし，石炭を燃やし，石油を燃やし，ついに原子力を燃やしてエネルギーを得るところまできてしまった．もうこれ以上，エネルギーを取り出す方法はないであろう．とすれば，私たちのこの文明は，ここで終わるのである．そして，それ以後は，「文明後」と呼ばれる新しい時代にはいるのだ．ちなみに，「文明前」とは，自然界にあるエネルギーをそのまま使用していた時代のことである．そして，「文明後」の時代は，地球を汚さずに，どのようにエネルギーを利用するか，ということがテーマになる時代だ．すなわち，「エントロピー制御」の時代である．」

このように，筆者が33年前に提言した「エントロピー制御」の時代，すなわち「文明後」の時代が，今全世界で進行しているように思われる．この時代を，「熱力学第2法則」，すなわちエネルギー制御，エントロピー制御が支配する時代であると筆者は考える．ちなみに，文明の時代は「熱力学第1法則」，すなわちエネルギーの変換技術の時代であると定義している．

さて，この「エントロピー制御」の時代の前触れとして登場してきたのが，IBMが命名した「スマートプラネット」という考え

方であり，その発展モデルである「スマート社会」(賢い社会)である．また，スマート社会を支えているのが「ICT」と筆者は考える．「ICT」に対する筆者の意見を以下に述べる．

「ICTとは，IT技術の総称であり，特に公共サービスの分野において，使われる用語である．ITが経済の分野で使われることが多いのに比べ，ICTは公共事業の分野で使われることが多い」という「政府見解」がよくマスコミなどに見られるが，この見解は「IT」が経済産業省の用いる用語であるのに対して，「ICT」は総務省の用いる用語だからと考えられる．一方，筆者の見解は，「ITの進化した内容がICTである」としている．

### 1.2.2 スマート社会の時代

ところで，スマート社会における提言として，筆者は，以下の提言を行っている．

#### (1) 都市化の進む社会

都市でITあるいはICTサービスを進めることではない．ICTが社会性を帯びてきたとは，ICTが電力や水道，道路や鉄道などと同じように社会インフラになりつつあるということである．

#### (2) 課題(問題)が増えている

社会が複雑になればなるほど，課題(問題)が必然的に増えてくるものである．これを「パーキンソンの法則」というが，別の言葉で表現すれば，社会あるいは都市問題の一つを解決すれば，解決された問題から必ず多くの問題が発生するのである．

#### (3) データは増え続けている

いわゆる，ビッグデータの概念が出現した背景である．ここでは，単にデータの数が増えたことを指しているのではなく，「戦略的に問題解決」するための「データ」が増加していることを意味す

ビッグデータの世界での「関係」

**図 1-2 ビッグデータの世界**

る．そして，データを「因果関係」で考えるのではなく「相関関係」で処理することを意味する（図 1-2）．

(4) スマート社会による構造変化

ICT による「スマート」社会では，縦割りが解消され，相互的に問題解決が可能になる．例えば，大学の学務のデータと入試のデータと就職のデータが一元化され，総合的な分析が可能になる．これは大学だけではなく，政府，地方政府，一般企業にも当てはまる内容である．

(5) スマート社会における挑戦と選択

新しい挑戦と事業の選択が容易になる．特に，「ICT」が充実すればするほど，「人間の考えるグランドデザイン力」が重要になる．一部の「ICT 研究者」が主張するような，人工知能が人間の判断力や創造力を凌駕するという考え方は，間違いであると筆者は考えている．「ビッグデータ」の解析者は「人間」であり，「グランド戦略」を創造するのも「人間」である．その判断力や想像力をサポートするのが「ICT あるいはビッグデータ」なのである．

(6) スマート社会の核の重要性

スマート社会では，核となる「司令塔」がますます重要になる．大学でいえば，「理事長」，「学長」あるいは「常勤理事会」の判断力や，創造力が問われる．また，企業では「CEO」，「社長」，「代表取締役」の判断力が重要になる．一方，政府においては，「大統領」，「首相」，「閣議」，「国会」の判断がますます重要になる．

## (7) 社会デザインの必要性

(6)における「核」の意思決定は,具体的に「戦術」として,「社会デザイン」をしなければならない.大学においては,各学部,研究科,各センターが,「デザイン」しなければならないのである.また,相互の「デザイン」が大学全体の「グランド戦略」に沿ったものであるかどうか検証する必要がある.また,企業においては,各事業部,各支店が「社会デザイン」しなければならない.また,相互の「デザイン」がその企業全体の「グランド戦略」に沿ったものであるかどうか,検証する必要が生まれるのである.

一方,政府関連事業においても同様の「グランド戦略」が必要になることは当然である.

これらの「ICT戦略」は,筆者の「7つの提言」のもとで実行されることを望む.また,これらの「戦略」には「統計学」が「戦術としての最強の武器」になることは,予見できる.

以上は,スマート社会に対する,著者の提言であるが,スマート社会を支える「ITC」は,上記のように,「社会インフラ」として機能しなければならない.特に,上記提言の中で,(2)と(3)が,本書のテーマである「ビッグデータ」に直接結びつく重要な提言である.

ところで,先ほども述べたように,社会における「課題」と「そのためのデータ」が増え続けているのが21世紀初頭の現状である.したがって,情報とデータの世界においても,「エントロピー」が増大しているのが現実である.そのために,増え続けている「データ」を「集約」して,一つの「戦略」にまとめ上げるのが「ビッグデータ」の目的である.その結果,「情報とデータの世界におけるエントロピーを制御」できるのである.

そして，これらの戦略のための戦術が「統計学」ということができる．したがって，「ビッグデータの世界」では，因果関係が重要ではなく，重要なのは「相関関係」であることがわかる（図1-2）．この場合，データの「精度」は重要ではなく，「マクロ現象」の戦略をまとめ上げるための「方向（ベクトル）」を定めることに重点を置くことになる．

## 1.2.3　サービスサイエンス資本主義

さて，このような社会を支配している「資本主義」を「サービスサイエンス資本主義」（サービスサイエンスに支えられた資本主義）と筆者は命名している．以下，筆者の「サービスサイエンス資本主義」に対する考えを述べることにする．

1980年代以降の米国では，通常の財と比べてサービスの異質性が意識され，それを適切に定義する概念が絶えず生まれ，また修正され続けてきた．最大公約数的にその異質性に対する議論をまとめれば以下のようになろう．

「サービスは物質としての特性をもたず，即時的（すなわち生産と同時）に消費され，価値の蓄積機能をもたない．また，物的財の価値がそれ自体に内在されるのに比べ，サービスの経済的価値は2つ以上の事・物・人の関係から生じる．そのため，消費者と生産者の任意の組合せ，あるいは周囲の環境によってその質は絶えず変動し，同じ水準を保てるとは限らない．さらにサービスは，その対象自身がもつ単独の消費価値よりも，他の財・サービスの消費価値を間接的に高めるという，補完財としての機能が主要である場合も少なくない．」

したがって，これらのような側面・性質から，サービスを科学するといっても一筋縄でいかないのが現状である．特に，活動全体を包括的に定量化し，客観的に評価することが最も難しい点である．

我々の得意としてきた分野とは，おおむね官のサービス・重厚長大的なインフラ整備計画に由来するものが多く，情報数理的にモデル化可能な都合のよい部分だけを切り取って問題を解決してきた感がある．今後は，特に産のサービスに関して，対象物の関係から生じる価値を，定義・測定・評価・モデル化・再現・最適状態探索・政策立案・管理計画していくことは，あらゆる人文・社会科学にとって共通の重要課題となろう．サービスという活動の総合的で複雑な特性を考えるに，数理モデル化が難しい対象物や事象に関しても定式化を行う手段を提供し，客観的に議論する枠組みを与えることが必要とされるのである．

　また，その新たな知識の体系化を図る際には，経済学や心理学など，人文・社会科学の諸分野が司る役割が大きいものと予想される．事実，「科学技術基本計画」(2006年3月，文部科学省)には，「国際的に生産性が劣化しているサービス分野では科学技術によるイノベーションが国際競争力の向上に資する余地が大きいほか，科学技術の活用に関わる人文・社会科学の優れた成果は製造業等の高付加価値化に寄与することが期待されていることから，イノベーション促進に必要な人文・社会科学の振興と自然科学との知の統合に配慮する」と記され，今後の日本の科学技術政策の中心的理念として位置づけられている．

　ところで，「サービス」という新たな知識体系を生み出す試みは，IBMのアルマデン研究所で提唱された，SSME(Services Sciences, Management and Engineering)と呼ばれる概念に端を発している．SSMEとは，サービスに関するデータと情報を調査，研究(Service Research)し，この成果をサービスに関する知識として蓄積(Science)し，この知識を価値として抽出(Engineering)し，以上の過程を管理(Management)するということを意味している．

　この概念は，2004年12月に公開された米国のレポート「パルミ

サーノレポート」に記されており，
① サービス分野の人材育成
② サービス分野の投資
③ サービス分野のプラットフォーム

の3つのステージからサービスイノベーション戦略の重要性を説いている．

## 1.2.4 サービスサイエンスの必要性

次に，サービスサイエンスの必要性について筆者の意見を述べる．
日本をはじめ先進諸国において，サービス産業の就業人口が70％，GDPの75％を占めており，2001年以降(21世紀以降)の経済成長の大部分を担っている．国の競争力維持・強化のためには，サービスイノベーションが重要である．また，BRICs(ブラジル，ロシア，インド，中国，南アフリカ)諸国が，今後サービス産業へと労働人口を移動することを計画している．そのため，産のサービス(民間企業が提供するサービス)，官のサービス(中央政府，地方行政)，学のサービス(教育サービス)，NPO(病院の医療サービスなど)のサービスの効率性，生産性の飛躍的改善が求められている．その中で，第3次産業(サービス業)の育成だけでなく，第1次産業(農業，漁業)や第2次産業(製造業)のサービスサイエンス化が求められている．

また，サービスを科学する「サービスサイエンス」を我が国企業における新たな価値の共創として確立するためには，サービスサイエンスのサイエンス的アプローチが必要である．そこで，以下に筆者のサービスサイエンスに対する視点を示す．

サービスサイエンスとは，サービスの特性・性質の発見と理解から始まる．そして，サービスサイエンスで発見・理解された促成・性質を人間の社会において分解・合成することにより新しいイノベ

ーションを創造することが必要である．

　サービスサイエンスは人と技術の共創から生まれる新たな価値を提供するものであり，前述の特性・性質を分析・解釈することが必要である．

　このようなサービスサイエンスが，人間の社会に定着するためには，サービスオペレーションのための共通言語（数学や概念も含めて）と，社会における共通のプラットフォームが必要である．このサービスサイエンスの適用分野は，産・官・学・NPOなど多岐にわたるので，共通のサービス価値測定手法の確立が必要である．

### 1.2.5　サービスの分類

　以上の視点をもとに，まずサービスの分類を試みてみよう．17世紀において確立された物理学は，「距離」，「速度」，「加速度」の概念の成立により，成熟した．一方，20世紀後半において確立された経済学は「資産」，「所得」，「成長率」の概念の成立により，成熟した．したがって，サービスサイエンスの確立のためには，サービスの分類において，「近代物理学」や「近代経済学」の発展のプロセスを考慮する必要がある．そこで，サービスサイエンスにおけるサービスの分類において「ストックサービス」（物理学における距離の概念あるいは経済学における資産の概念に相当する概念）と「フローサービス」（物理学における速度の概念あるいは，経済学における所得の概念に相当する概念）と「フロー変化率サービス」（物理学における加速度の概念あるいは経済学における成長率の概念に相当する概念）という3つのサービスを考えることにする．

　「ストックサービス」とは，社会インフラや情報インフラをはじめ，主に官（行政）のサービスにおけるインフラサービスや制度サービスを指している．

　「フローサービス」とは，主に産や官におけるサービス現場にお

けるサービスを指しており,日常的サービスともいえる.

「フロー変化率サービス」とは,主に民のサービスにおける非日常的サービスを指している.

以上の3つのサービスの分類と他の分野の概念との比較を**表1-1**に示す.

ところで,これからのサービスサイエンスが新時代のイノベーションをもたらすためには,以下の2つの課題を克服する必要があるというのが筆者の意見である.

① サービスサイエンスにおけるサービスの価値測定はほとんど経験と勘に頼っており,価値理論がない
② そのためにはサービスのモデル化が必要である.それができれば,すべてのサービス分野(行政,企業,NPOなど)におけるサービスの価値が測定できる.そして,サービスの定義だけでなく,サービスが目指す将来への方向性を次のように示すこ

**表1-1 サービスの分類**

| 数学 | 物理学 | 経済学 | サービス・サイエンス | サービスの例 | サービスの価値測定の視点 |
|---|---|---|---|---|---|
| もとの変数 | 距離 | 資産(ストック) | ストックサービス | 行政サービス 社会保障制度 社会インフラ 情報インフラ | ストックサービスの価値測定 時間軸に積分:費用便益分析 |
| 時間で1回微分 | 速度 | 所得(フロー) | フローサービス(日常的サービス) | ファーストフード コーヒーチェーンなど | フローサービスの価値測定 時間軸に微分:CS調査 |
| 時間で2回微分 | 加速度 | 成長率(フロー変化率) | フロー変化率サービス(非日常的サービス) | 高級ホテルなど 金融工学 | フロー変化率サービスの価値測定 ここちよい変化:フラクタル測定 |

## 1.2 なぜ，今ビッグデータが必要なのか

とができる

(ア) サービス（第1次産業から第4次産業までの全産業のサービス財）における生産性の向上
(イ) サービス(アと同じ意味のサービス財)の効率を上げる技術の導入
(ウ) サービス(アと同じ意味のサービス財)の可視化
(エ) サービスイノベーション(アと同じ意味でのサービス財に関する)人材育成
(オ) 国際競争力(アと同じ意味でのサービス財に関する)向上

そして，本章で紹介したサービスサイエンスに支えられた経済社会こそ，次の新経済成長戦略である．すなわち新成長戦略とは，ネットワーク社会に支えられたサービスサイエンス経済社会を意味している．このように，21世紀のパラダイムはコンピュータネットワークを社会基盤としたサービスサイエンスということができる．この概念は前述したIBMのアルデマン研究所で提唱されたが，その社会的基盤を築いたのは天才ビル・ゲイツである．また，この様

表1-2 20世紀と21世紀のパラダイム

|   | 20世紀 | 21世紀 |
|---|---|---|
| パラダイム | コンピュータサイエンス<br>（19世紀末から20世紀初頭） | サービスサイエンス<br>（20世紀末から21世紀初頭） |
| 場　所 | ハンガリー　ブダペスト<br>（カフェニューヨーク） | 米国　ニューヨーク<br>（IBM） |
| キーパーソン | フォン・ノイマン | ビル・ゲイツ |
| 社　会 | 階層社会 | ネットワーク社会 |
| 資本主義 | 従来型資本主義 | 新資本主義 |
| 予言者 | ニーチェ | トフラー |

子は表 1-2 に示すとおりである．

さて，このような「スマート社会」あるいは「サービスサイエンス資本主義」は，「ビッグデータ」と「統計学」に支えられている．したがって，本書の書名を『統計学でわかるビッグデータ』とした次第である．

## 1.3 ビッグデータの例

日本が「失われた 25 年 (1990-2015)」を経験した結果，消費構造の二極化が鮮明になった．そこで，本節では，この消費構造の二極化の意味するところを考えてみることにする．すなわち，この二極化の内容は，「値下げでも収益確保」を焦点に定める経営戦略と，「客の満足度最大の高級品」を焦点に定める経営戦略の 2 つを意味している．そこで，前者の経営戦略を「正の経営学」と名付け，後者の経営戦略を「反の経営学」と名付けることにする．また，これら 2 つの経営学をそれぞれ，「オペレーションズリサーチ」の線形計画法における「主問題」と「双対問題」で定式化することを試みることにする．

### 1.3.1 正の経営学と反の経営学

まず，「正の経営学」においては，「値下げでも収益確保」の焦点化により，目的関数を「消費者の支払い最小化」におき，制約条件として「消費者の希求水準（これ以上のサービスの質の低下が我慢できない最低保障水準を表している）」を定めている．この様子は，図 1-3 のような定式化で表現できる．すなわち，「正の経営学」は，図 1-3 に示す制約条件（消費者の希求水準の確保）の下，目的関数（消費者の支払い額）の最小化で表現できるのである．この際，図 1-3 でも表現しているが，$x_j$ はサービス財 $j$ に対する支払い率，

## 正の経営学

目的関数：Min $\sum_{j=1}^{n} \gamma_j x_j \quad x_j \geq 0, \; j = 1, 2, \cdots, n$

（消費者の支払い最小化）

制約条件：$\sum_{j=1}^{n} \alpha_{ij} x_j \geq \beta_i \quad i = 1, 2, \cdots, n$

（消費者 $i$ の希求水準）

$x_j$：サービス財 $j$ に対する支払い率
$\gamma_j$：サービス財 $j$ に対する支払い可能額
$\alpha_{ij}$：サービス財 $j$ 1 単位当たりの消費者 $i$ の満足度
$\beta_i$：消費者 $i$ のサービス全体に対する希求水準

図 1-3　正の経営学の定式化

$\gamma_j$ はサービス財 $j$ に対する支払い可能額，$\alpha_{ij}$ はサービス財 $j$ 1 単位当たりの消費者 $i$ の満足度，$\beta_i$ は消費者 $i$ のサービス全体に対する希求水準を表している．

一方，「反の経営学」においては，「客の満足度最大の高級品」の焦点化により，目的関数を「消費者のサービス満足度最大化」におき，制約条件として「消費者の支払い限度額」を定めている．この様子は，図 1-4 の定式化で表現できる．すなわち，「反の経営学」は，図 1-4 に示す，制約条件(消費者の支払い限度額)の下，目的関数(消費者のサービス満足度)の最大化で表現できるのである．この際，図 1-4 でも表現しているが，$u_i$ は消費者 $i$ の満足度を 1 単位増やすための支払い額を表している．

これら 2 つの「経営学(正の経営学と反の経営学)」の定式化により，「正の経営学」と「反の経営学」がそれぞれ「双対性(真逆)」を有することが，「オペレーションズリサーチ」により証明される(証明の内容は省略)．その結果，図 1-5 に示したように表現できる．すなわち，「客の支払い額を最小化」する「ファーストフード

## 第1章 ビッグデータが必要とされる時代背景

| 反の経営学 |
|---|

目的関数：$\text{Max} \sum_{j=1}^{m} u_i \beta_i \quad u_i \geq 0, \ i = 1, 2, \cdots, m$

（消費者のサービス満足度最大化）

制約条件：$\sum_{j=1}^{n} \alpha_{ji} u_i \leq \gamma_j$ （消費者 $i$ の支払い限度額）

$u_i$：消費者 $i$ の満足度を1単位増やすための支払い

図1-4 反の経営学の定式化

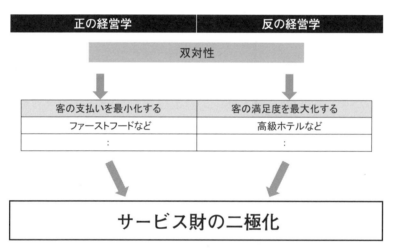

図1-5 消費構造の二極化

など」の行動原理と，「客の満足度を最大化」する「高級ホテルなど」の行動原理が双対関係(真逆)にあることがわかる．その結果，「サービス財の二極化」現象が現れ，「消費構造の二極化」になることがわかる．

さらに，それらを整理したのが表1.3である．表1.3をよく見ると，やはり，「正の経営学」と「反の経営学」に双対性があること

表1-3 消費構造の双対性

| | 正の経営学 | 反の経営学 |
|---|---|---|
| 目的 | 商品単価の最小化を図る | 客の満足度の最大化を図る |
| 制約 | 客の満足度に対する希求水準を調査する | 客の商品に対する支払い限度額を調査する |
| 条件 | 商品に対する付加価値はできるだけ省略する | 商品に対する付加価値はできるだけ上げる |
| 広報 | 宣伝する | 宣伝しない |
| 客 | 客はできるだけ多く獲得する | 一見さんお断り，あるいは予約制をとる |

双対性

がわかる．まず，「目的」は「商品の単価の最小化を図る」と「客の満足度の最大化を図る」であり，「制約」は「客の満足度に対する希求水準を調査する」と「客の商品に対する支払い限度額を調査する」であり，「条件」は「商品に対する付加価値はできるだけ省略する」と「商品に対する付加価値はできるだけ上げる」であり，「広報」は「宣伝する」と「宣伝しない」であり，「客」は「客はできるだけ多く獲得する」と「一見さんお断り，あるいは予約制をとる」である．そこで，次に消費の二極化を加速させる経済的背景とは何かについて考えることにする．

## 1.3.2 近年の日本経済の実情

筆者は，日本における平成大不況(失われた25年)と，米国におけるサブプライムローン問題に端を発した世界同時株安の内容を分析した結果，マクロ経済学には大きく分けて，「正の経済」(通常経済)と「反の経済」(恐慌経済)の2つの局面があることに気がつい

た．そして，「正の経済」の局面では，民間企業は良好な財政基盤を前提に設備投資を行い，その結果利潤の最大化に向かって邁進しており，経済が大きく拡大する方向へと導いてくれる(図1-6)．

ところが，何十年に1回，民間の夢と欲望が複雑に重なり合ってバブル経済が発生して崩壊すると，経済は「反の経済」の局面に入る．この局面下では，バブル期に借金で購入した資産の価値大幅に下がり，負債だけが残った企業にとって，投資効率は市場利子率より悪くなる．その結果，設備投資を行わなくなり，利潤の最大化から債務の最小化に向かって行く．つまり，「反の経済」下では，企業の経営目標は利潤の最大化を離れ，債務の最小化に移り，経済が小さく縮小する方向へと邁進するのである(図1-7)．

つまり，「正の経済」では，お金が回っているのである．このような「経済状態」のときは，「消費の二極化」は，あまり起こらず，「正の経営学」と「反の経営学」は収斂されていくのである．ところが，「反の経済」では，お金が「金融機関に滞留している」ので，

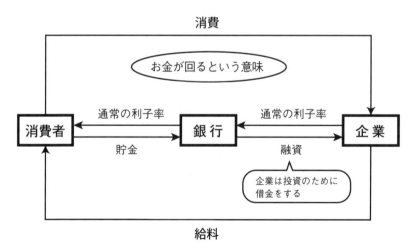

図1-6　正の経済(通常経済)の場合

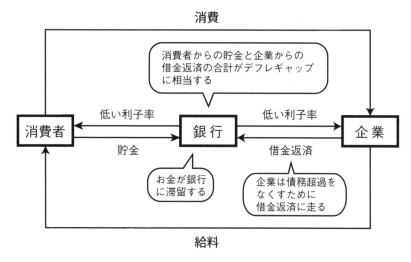

図1-7 反の経済(恐慌経済)の場合

「所得の均一化」ではなく,「所得の固定化」が加速されるのである.したがって,「反の経済」下では前述した「消費の二極化」が進むのである.現在の日本や米国は,典型的な「反の経済」下にあるので,「日米同時に消費の二極化」が進んでいるのである.このような経済的背景により,前述した現象が加速されると考えられる.このような経済のサイクルを図示したのが図1-8 である.

ここで重要なのは,「正の経済」における企業の行動原理「利潤の最大化」と「反の経済」における「債務の最小化」である.これらの企業の行動原理の変化が集計され(ビッグデータ),マクロ経済が「正の経済」から「反の経済」に変化するのである.したがって,「正の経済」における企業の行動原理(利潤の最大化)と「反の経済」における企業の行動原理を数学的に定式化する必要がある.そこで,筆者は以下の定式化を提案している.

# 第1章 ビッグデータが必要とされる時代背景

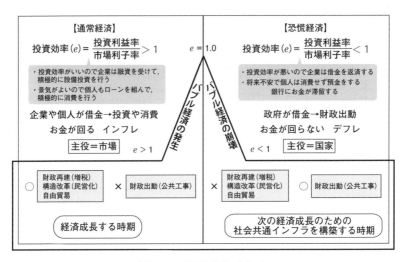

図 1-8 経済のサイクル

① 正の経済下における企業の行動原理

$$\text{目的関数:Max} \sum_{j=1}^{n} C_j x_j \quad \text{(利潤の最大化)} \quad (1.1)$$

$$\text{制約条件:} \sum_{i=1}^{m} a_{ij} x_i \leq b_i, \ i = 1, 2, \cdots, m \quad (1.2)$$

（コスト≦借金限度額）

$x_j \geq 0, \ j = 1, 2, \cdots, n$

$x_j$：製品 $j$ の生産数

$C_j$（利潤）$= P_j - (1+r)h_j \geq 0$　ただし，$P_j$：価格，$r$：利子，$h_j$：コスト，$a_{ij}$：製品 $j$ を1個製造するときの費用項目 $i$ にかかるコスト，$b_i$：費用項目 $i$ に関する資金需要（資金供給と一致，借金の限度額）

式(1.2)は，「借金の限度額まで目一杯にコストをかけることができる，すなわち儲かる経済環境である」という企業の状況認識を意味する．

## ② 反の経済下における企業の行動原理

目的関数：$\text{Min} \sum_{i=1}^{m} u_i b_i$ （債務の最小化） (1.3)

制約条件：$\sum_{i=1}^{n} a_{ji} u_i \geq C_{ij}, \ 1, \ 2, \ \cdots, \ n$ (1.4)

（借金の増加≧利潤）

$u_i \geq 0, \ i = 1, \ 2, \ \cdots, \ m$

$u_i$：費用項目 $i$ に関する借金残高率，$u_i$：$1-$（借金償還率）

式(1.4)は，「借金の増加が利潤を上回る，すなわち儲からない経済環境である」という企業の状況認識を意味する式である．

また，参考のため，正の経済における政府の行動原理(③)と反の経済における政府の行動原理(④)を以下に示すことにする．

## ③ 正の経済下における政府の行動原理

目的関数：$\text{Min} \sum_{i=1}^{m} r_j x_j$ （財政再建） (1.5)

目的関数は，国債残高の最小化を意味している．

制約条件：$\sum_{i=1}^{m} a_{ij} x_j \geq \beta_i, \ i = 1, \ 2, \ \cdots, \ m$ (1.6)

制約条件は，住民の満足度を一定水準以上にすることを意味している．

$x_j \geq 0, \ j = 1, \ 2, \ \cdots, \ n$

$x_j$：行政サービス財 $j$ に対する国債残高率，$r_j$：国債の資金需要(行政サービス財 $j$ に対する国債の資金需要)，$a_{ij}$：行政サービス財 $j$ 1単位当たりの国民 $i$ の満足度，$\beta_j$：住民 $i$ の行政サービス全体に対する希求(満足)水準

## ④ 反の経済下における政府の行動原理

目的関数：$\text{Max} \sum_{i=1}^{m} u_i \beta_i$ （財政出動） (1.7)

## 第1章　ビッグデータが必要とされる時代背景

目的関数は，住民の満足度の最大化を意味している．

$$\text{制約条件}：\sum_{j=1}^{n} a_{ij} u_i \leq \gamma_j, \ j = 1, 2, \cdots, n \qquad (1.8)$$

制約条件は，住民の満足度を増やすための税金投入量の上限，すなわち資金調達限度を示している．

$u_i \geq 0, \ i, \geq 1, 2, \cdots, m$

$u_i$：住民 $i$ の満足度を1単位増やすための税金投入量

以上のように定式化できるが，まず企業の行動原理①，②が説明できるかどうか，「ビッグデータ」で検証することにする．その，「ビッグデータ」が図1-9である．図1-9を見ると，1995年以前は①正の経済下における企業の行動原理のとおりである．すなわち，企業は設備投資に邁進している．平成バブル崩壊は，1990年2月20日に起こっているが，反の経済下になるのが，1995年以降であること，すなわち，この年以降，②反の経済下における企業の行動原理のとおりであることがわかる．

企業は，正の経済下から反の経済下へ移行すると，「設備投資（借金）」から「負債の返済（貯蓄）」へ「行動原理」が変更している．そして，安倍政権ができて「アベノミクス」が実行されても企業の行動原理に変化はない．今もなお，日本経済は「反経済下」であることが「ビッグデータ」より検証できる．

さて，GDPは，個人の消費（C）と企業の設備投資（I）と政府の財政出動（G）と輸出入（E）の合計である．

すなわち，

GDP = C + I + G + E

であるが，このGDPを示す「ビッグデータ」である「ドルベースの名目GDP」は，図1-10と図1-11に示すとおりである．「アベノミクス」による「円安」は，国際的に見て，日本の国力を下げているのである．さらに，アベノミクスによる「異次元金融緩和」は，

1.3 ビッグデータの例

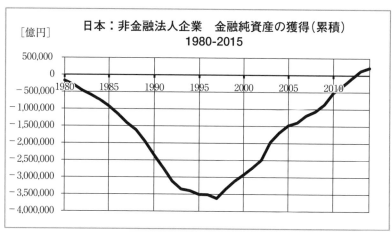

データ出所：日本銀行「資金循環統計＞フロー＞非金融法人企業＞資金過不足」から計算．上段は年度データ，下段は四半期データの各累積値．
作成者：廣宮孝信（経済評論家／都市情報学博士）

**図1-9　日本：非金融法人企業　金融純資産の獲得（累積）**

日本経済を「反の経済」から「正の経済」に戻すことができず，ますます「デフレギャップ」が増していることがわかる．また，同時に，国際的に見て「名目GDP」を極端に下げていることがわかる．

25

第 1 章　ビッグデータが必要とされる時代背景

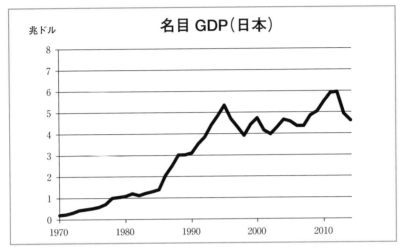

世界銀行 World Development Indicators（2015 年 9 月 24 日更新）よりデータを引用し編集した（水野作成）.

**図 1-10　日本の名目 GDP の推移グラフ**

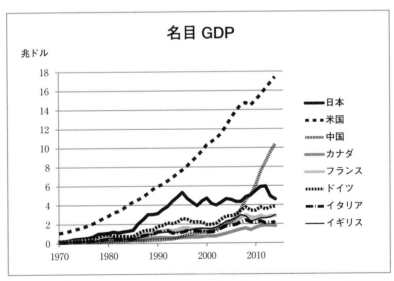

世界銀行 World Development Indicators（2015 年 9 月 24 日更新）よりデータを引用し編集した（水野作成）.

**図 1-11　主要国の名目 GDP の推移グラフ**

よく「実質 GDP」が実態経済を反映しているといわれるが，GDP に関しては，「ビッグデータ」は「名目 GDP」を表しているのである．この「ビッグデータ」である「名目 GDP」から，「物価変動」などの経済指標を考慮して「実質 GDP」を算出しているのである．この算出の仕方に「恣意性」が存在しているため，「実質 GDP」の信頼性があまりよくない，というのが，筆者の意見である．

以上の結果が「マクロ経済」における「ビッグデータ」から得られた「有意義な知見」である．

# 第2章

# ビッグデータの正体

第 2 章　ビッグデータの正体

## 2.1　ビッグデータという概念

### 2.1.1　ビッグデータの成り立ち

　今日，経済，ビジネス，科学，医療，生活などのあらゆる分野で，人々がある共通の漠然とした不安と期待を抱いている．それは，コンピュータ情報通信技術の発展により身の周りに溢れ出した情報が，近い将来に人間の手に負えなくなるのではないのかという予感である．この「コンピュータ情報通信技術」が提供し「あらゆる分野で同じような傾向を示しながら増大する」，「従来の技術では手に負えない」情報，それがビッグデータである．

　ビッグデータは情報に対する概念的な表現である．これがビッグデータであるという厳格な定義はないが，行政やビジネスの分野においては，3V モデルで表現される情報をビッグデータと呼ぶのが主流である．3V は，Volume, Velocity, Variety の 3 つの英単語の頭文字であり，それぞれ，データの量が多いこと，高速にやりとりされること，情報の形態が多様であることを意味する．ビッグデータは，この 3 つのどの V についても，従来の技術ではとても扱えなくなるほど成長すると予測される情報のことである．この 3V モデルに Veracity（正確さ）や Vagueness（あいまいさ）という特徴を加える場合もある．本書では，ビッグデータを「①量が多く，②高速にやりとりされ，③形態が多様であり，これらのどの観点からも，従来の技術ではとても扱えなくなるほど成長すると予測される情報」と定義する．

　ビッグデータは，従来の技術では手に負えないほどの情報であるがゆえに，それは同時に資源でもある．総務省はビッグデータについて，「事業に役立つ知見を導出するためのデータ」と述べている[1]．「データ」という単語には，

① 実験や問題解決の実験や調査で得られた問題解決や意思決定のための事実や情報
② コンピュータに記憶されている情報

という2つの異なる意味があるが，ビッグデータはこの2つの意味を同時にもつ．

いずれビッグデータが出現することは，2001年には指摘されていた[2]．当時は，一般家庭にブロードバンドが普及し始め，携帯端末所有者が増加し，B2Cのeコマースが現実のものとなりつつあった．ドットコム企業への過剰な投資とその反省が行われていたのもこのころである．技術革新により，コンピュータの小型化や通信コストの低下，通信の高速化が進み，事業者と学者，一部のマニアが占有していたコンピュータネットワークが社会全体の共有物になった．技術者や事業者でない一般の人が，Webを利用し，情報を検索し，発信するようになった．企業は，情報を検索することの価値を見出し，この情報検索にページランクという付加価値を与えたGoogle社がWeb上のポータルを独占することになる．

そして，2005年ごろになると，いつでもどこでも情報をやり取りできる環境の構築が求められるようになる．このころに広く提唱されたキーワードがユビキタスである．この「いつでもどこでも」は，クラウドという技術により早期に実現する．クラウドを利用したサービスは，企業が格安あるいは無料で民間に提供している．クラウドを利用したサービスで収益を上げる企業のトップも，ポータルを獲得したGoogle社である．

人々は，Web検索やメール，ソーシャルネットワークなど，情報を利用して生活することが当たり前となった．しかしこの段階にきて，その情報がもはや人間の手に負えないほど成長していたことに気づいたのである．そして，2012年以降に「ビッグデータ」という単語が日本社会に浸透しはじめた．「ビッグデータ」をタイト

ルに冠する書籍が書店に並び出したのが 2011 年中ごろから，総務省の情報通信白書に「ビッグデータ」という単語が登場するのが 2012 年（平成 24 年）である[1]．

　今後は，さらに人とモノ，あるいはモノ同士のインターネット上での情報のやりとりが増大していく．ここでいうモノとは，家電や自動車，携帯端末のことであるが，情報通信を担うチップを保持することができれば何でもよい．身の周りのモノが情報システムの一部だと考えた場合，これらがやりとりする情報もビッグデータである．

　ビッグデータを処理するシステムを，ビッグデータシステムと呼ぶ．ビッグデータシステムは，ソフトウェアとハードウェアのアーキテクチャやフレームワークで構成される．社会基盤としてビッグデータシステムを構築する際には，それらの標準化された仕様も構成要素のひとつである．現在のビッグデータシステムは発展段階であり，完成形となるシステムはまだ存在しない．さらに成長する将来のビッグデータを扱うために，ビッグデータシステムも成長拡大していくことが予想される．

## 2.1.2　米国と EU での取組み

　ビッグデータというキーワードが一般に大きく取り上げられたのは，2012 年の米国政府のビッグデータ研究発展イニシアチブの発表による影響が大きい．米国は国を挙げてビッグデータ活用に取り組む姿勢を宣伝し，予算規模は 200 億円程度の研究開発費を計上した[3]．今後米国は，科学技術政策局が主体となり，ビッグデータの収集，保存，蓄積，管理，分析，共有のためのツールと技術の向上を図ることで，ビッグデータを利用した，理学工学の研究の加速，安全保障の強化，教育改革の実現をめざす．同時に，この目的に賛同する行政機関や企業，大学，NPO に参加を呼びかけている．

このとき，まず予算が投入されたのは，国立科学財団，エネルギー省，国防高等研究計画局，国立衛生研究所，国防総省，地質研究所の6団体である．

　EUでは，2011年から300億円程度の予算をかけ，次世代インターネット官民連携を実施している．2010年に策定された欧州のためのデジタルアジェンダの中で，欧州はデジタル単一市場，包摂的知識社会の実現を目標としており，官民連携はこの方針により進められたコンピュータ情報通信技術開発プロジェクトである．

　EUはさらに，革新技術欧州連合を実現するために，2014年から2020年の間に10兆円程度を投下し研究開発を促進する．この枠組みはHorizon 2020と呼ばれる．研究開発においては，科学的卓越性，コンピュータ情報通信技術産業における先導性，社会への挑戦的取組みを大きな副目標としている．

## 2.2　ビッグデータとは

### 2.2.1　データの量

　ビッグデータは，もちろん，そのデータの量が一番の特徴である．データの大きさとも表現されるが，この大きさは定量的に「ビット」や「バイト」という単位で表現される．

　例えば，ある本に書かれているデータの量を定量的に把握するとき，最も簡単な方法は，本に書かれている文字の数を数えることである．文字数が多いほど，その本がもつデータの量が多いと判断できる．このような考え方をするときには，本の中のそれぞれの文章がどんな内容をもっているかを考慮していないことに注意する．英語の本の場合，1つの文字だけを見たときに伝わる情報は，「この文字は，大文字小文字のアルファベット52文字および記号数種の

第2章 ビッグデータの正体

うちの1つ」である．そして，データの最小単位は文字である．

コンピュータが扱うデータの場合，データの最小単位はビットである．ビットは0か1のいずれかの数値をとる1つの桁である．この0と1は，コンピュータの内部では，それぞれ電圧が低い状態／高い状態，あるいはオフ／オンで表現される．1つのビットを見たときに伝わる情報は，「これは0か1の2つのうちの1つ」である．区別できるモノが2つあって，目の前で実現されているビットは，そのうちの1つという意味である．ビットが2つ連なっている状態を2ビットと表現するが，2ビットを見たときに伝わる情報は「これは，00，01，10，11の4つのうちの1つ」である．区別できるモノが4つあり，目の前にある実現されている2ビットがそのうちの1つという意味である．$n$ビットのときは，区別できるモノの数は2の$n$乗個であり，目の前にある$n$ビットはそのうちの1つということになる．

このように，ビットは，その連なりで区別できるモノの総数を表現し，その総数は，ビットの数が増えると指数関数的に増加する（表2-1）．

ビットの連なりが表現するモノは0と1で構成される数値記号の列だけであるが，数値記号との対応表を用意することにより，さまざまなモノがビットの列で表現できる．ある決まった対応により，あるモノを表現するビットの列を特にコードと呼ぶ．英語のアルファベット1文字は8ビットのコードで表現できる．

例えば，バスケットボールの試合があり，この試合の結果（ひいきチームの負け／勝ち）を伝えることを考える．このときに必要な

表2-1 ビットの数と，そのビットで区別できるモノの総数

| ビット数 | 1 | 2 | 3 | … | 10 | … | 1000 | … | $n$ |
|---|---|---|---|---|---|---|---|---|---|
| 総数 | 2 | 4 | 8 | … | 1024 | … | 約$10^{301}$ | … | 約$10^{0.301n}$ |

ビット数は1である．負けが0，勝ちが1に対応すると事前にコードを決めておき，0か1のいずれかを送信すればよい．サッカーの試合の場合は，試合の結果が，負け／引き分け／勝ちの3種類である．このときは1ビットでは試合の結果を伝えきれない．サッカーの試合の結果を伝える場合の方が，バスケットボールの試合の結果を伝える場合よりも必要なデータの量が多いことになる．

### 2.2.2 データ量の単位

情報通信の分野では，このデータの量と同じ単位をもつ概念に情報量があるが，データの量と情報量は考え方が異なるので，ここで補足しておく．

ここまでは，ビットが区別できるモノの総数だけに注目してデータの量を考えたが，実際のコンピュータ通信の世界では，「最少のビットで必要な情報を送ること」や「ノイズや通信エラーで情報が失われないこと」が要求される．そのため，ビットが区別するモノと，その区別できるモノの出現確率も考慮する．そして，出現確率をもとに計算される情報の量が情報量である．

ある確率を伴って発生するモノを$x$，その確率を$p_x$とする．このとき，$x$が発生したというデータがもつ情報量は，

$$- \log_2 p_x$$

と定義される．あるデータがめったに出現しないモノのコードであった場合，そのコードを受信することにより得られる情報量は「多い」と表現する．一方，よく発生するモノのコードの場合は，そのコードを受信しても得られる情報量は「少ない」と表現する．情報量を，すべてのモノについて出現確率を掛けて加算した数値を，平均情報量（あるいはエントロピー）と呼ぶ．発生しうるすべてのモノの集合を$X = \{x_1, x_2, \cdots, x_n\}$とし，それぞれのモノ$x_i$の出現確率を$p_{x_i}$とする．このとき，平均情報量はモノの集合$X$につ

いて，

$$H(X) = -\sum_{i=1}^{n} p_{x_i} \log_2 p_{x_i}$$

と計算される．モノを表現するコードは，工夫次第でいくらか短くすることができるが，平均情報量は，そのコードに必要なビットの数の下限を表す．この情報量や平均情報量の単位もビットである．なお，ビットと同じような概念として「シャノン」という単位があるが，これはあまり使われない．

ビットの数を眺めただけでは，どの程度の規模の情報なのか把握しにくい．ここで，ビッグデータがどのくらいの量なのかを直観的に把握するために，日常で接するコンテンツでデータの量を比較してみる．

コンテンツのデータの大きさを表現するときには，バイトという単位が使われる．これはビットの列を8ビットずつ区切った単位である．1バイトは256個のモノを区別できる．ビットの列は非常に長いため，さらに，このバイトに，キロ，メガ，ギガ，テラ，ペタ，エクサ，ゼタ，ヨタなどの接頭辞を付けて単位を表現する（表2-2）．1キロバイトは1000バイトを，1メガバイトは100万

表 2-2　接頭辞

| 接頭辞つき1単位 | バイトでの表現 | 接頭辞が表現する数 |
|---|---|---|
| 1キロバイト | 1000バイト | $10^3$ |
| 1メガバイト | 100万バイト | $10^6$ |
| 1ギガバイト | 10億バイト | $10^9$ |
| 1テラバイト | 1兆バイト | $10^{12}$ |
| 1ペタバイト | 1000兆バイト | $10^{15}$ |
| 1エクサバイト | 100京バイト | $10^{18}$ |
| 1ゼタバイト | 10垓（がい）バイト | $10^{21}$ |
| 1ヨタバイト | 1秭（じょ）バイト | $10^{24}$ |

## 2.2 ビッグデータとは

バイトを意味する．接頭辞つき1単位は1000倍すると次の接頭辞の1単位になる．

なお，2の10乗が1024であり，この数値が1000に近いため，1024バイトを1キロバイトと表現することもある．このときには，$1024(=2^{10})$倍ずつ接頭辞が変化する．本書では，これを採用せず，接頭辞が1000倍ずつ変化する方式であるSI接頭辞を用いる．

DVDに収録されている画質の映画は，1本約4ギガバイトである．ブルーレイの画質の場合は1本約20ギガバイト，YouTubeにアップロードされている普通の画質の動画は1時間約200メガバイトである．

国際的に蓄積されているデータの量は，2011年ごろには約2ゼタバイト（$2 \times 10^{21}$バイト）であったが，年6割ずつ増加し，2020年には40ゼタバイトとなる[4]．これを1つのビッグデータとしてとらえ，これがどのくらいの量なのかを簡単に見積もる．地球の人口を約100億（$10^{10}$）人とすると，1人当たり約200ギガバイトである．

このビッグデータが仮に動画だとして，それを1年間に見終えなければならないとしたら，その1人当たりのノルマは，ブルーレイ画質の映画にすると10本（月に1本），DVD画質の映画にすると50本（週に1本），YouTubeの動画では2000時間（1日5時間）である．

それが，2020年に20倍になると見込まれている．

次に，インターネットに目を移し，インターネット上のWebページ全体をビッグデータと見なして，Webページの数でデータの量を把握することを考える．Google社のサーチエンジンから検索可能なインターネット上のWebページの数は，2008年に1兆ページに達した[5]．これは，人類100億人が閲覧すると，1人当たりの分担は100ページになるということである．

37

第 2 章　ビッグデータの正体

　インターネットに接続可能なモノ（家電，自動車など）は，現在数百億個であり，2020 年に数兆個となる．個人の生活の身の周りに数百個の通信可能なモノがあり，それらが互いに通信しデータをやりとりする社会になる．

　日本のみに注目すると，2014 年に日本の産業で流通したデータの総量は約 15 エクサバイト（$1.5 \times 10^{18}$ バイト）である[6]．日本の人口を 1.5 億（$1.5 \times 10^{8}$）人とすると，日本人 1 人当たり 10 ギガバイト（$10^{10}$ バイト）となる．2014 年の 1 年間だけで DVD 画質の映画 2.5 本分のデータが，身の周りで営利的にやりとりされたことになる．

### 2.2.3　ビッグデータの中身

　データは，現実の世界の物質や思考，コンピュータの計算結果などのモノを表現している．これらのモノは，コンピュータ上ではある定められた規則により，ビットの列，すなわちコードとして表現されるが，モノを規則に従ってコードに変換することをコード化という．コード化によりコンピュータで表現されるモノは，数値，文字，画像，動画，音声，プログラム言語など，さまざまである．

(1)　数値データ

　一般に，ビット数が多いほど区別して表現できるモノの総数が多くなる．かつては，整数を表現するときに 8 ビットを用いていた．8 ビットで表現できる整数の個数は 256 個である．負の整数と正の整数の両方を表現することができ，この場合には，−128 から 127 の範囲の整数をコード化し表現することができる（表 2-3）．

　負の整数は，左端の最上位ビットが 1 となっているコードで表現される．正の整数のコードの右側 7 ビットの 0 と 1 とを反転し，これを 7 桁の 2 進数と見なして 1 を加算し，最上位ビットを 1 にすると，元の整数と同じ絶対値をもつ負の数のコードとなる．このようなコード化を行う理由は，ビット反転と加算のみで減算が実現でき

表 2-3 8 ビットで表現した符号付き整数

| コード | 対応する10進数 | コード | 対応する10進数 |
|---|---|---|---|
| 00000000 | 0 | 10000000 | $-128$ |
| 00000001 | 1 | 11111111 | $-1$ |
| 00000010 | 2 | 11111110 | $-2$ |
| 00000011 | 3 | 11111101 | $-3$ |
| ⋮ | ⋮ | ⋮ | ⋮ |
| 01111110 | 126 | 10000010 | $-126$ |
| 01111111 | 127 | 10000001 | $-127$ |

るからである．乗算はシフト演算と加算，除算はシフト演算と減算で実現できる．つまり，加算とビット反転とシフトの回路があれば，四則演算を行ううえでは減算と乗算と除算については，その演算専用の回路は必要ない．限られた種類の演算の組合せのみを実行することで，回路の設計が容易になる．現在は32ビットや64ビットで整数をコード化することが普通であるが，携帯端末などの容量が限られている場合に，意図的に8ビットのコード化を行っている．

　実数は，32ビットでのコード化が基本となっている．32ビットを3つの部分に分けて，それぞれ符号部，指数部，仮数部と呼び，$\pm M \times 10^E$という形の実数を表現する．符号部はその実数が正の数か負の数かを表現する．指数部はEを，仮数部はMを表現する．このような実数のコード化を浮動小数点表示形式と呼ぶ．32ビットでの表現を単精度といい，64ビットでの表現を倍精度という．単精度の浮動小数点形式で表現できる実数のうち，絶対値が0の次に最小のものは$1.175494 \times 10^{-38}$，絶対値が最大のものは$3.40282347 \times 10^{38}$である．倍精度の浮動小数点形式では，それぞれ約$10^{-308}$，約$10^{308}$である．かつては，倍精度の記憶や演算が，単精度の演算よりも多くの時間を費やしていたことから，倍精度の演算は避け，

できるだけ単精度で表現するように推奨されていたことがあった．現在は，どちらもほぼ同じ計算時間で実行でき，記憶容量にも制限がなくなったため，倍精度で実数を表現することが推奨されている．こちらも当然，携帯電話またはスマートフォンなどの計算資源が限られているコンピュータシステムでの利用を想定する場合は，単精度でのコード化が要求されることがある．

　一般に，整数実数ともに，1回の加算は1回の減算とほぼ同じ計算速度であるが，1回の乗算や除算は加算の数倍から十数倍時間がかかる．そのため，大規模な数値計算において計算時間の見積りを行う場合には，乗算回数と除算回数の合計で代替することが多い．

(2) 文字データ

　文字をコード化したビットの列を文字コードという．コンピュータが表現できる文字としては，ひらがな，カタカナ，漢字，繁体字，各種言語のアルファベット，数字記号，その他の記号などである．歴史的には，英語のアルファベットと数字，その他の制御記号が先に7ビットでコード化され，誤りを検出できるように8ビットに拡張された．表現すべき文字が増えると必要なビット数も増える．日本語の漢字を表現するには16ビットが必要である．各種言語の文字を扱うために32ビットで文字をコード化する場合もある．

　文字コードはコード表という表に，文字とビットの列の対応が定義されている．代表的な文字コードには，ASCIIコード，EBCDICコード，JISコード，シフトJISコード，EUCコード，Unicodeなどがある．このうち，日本語の文字を表現できるのはJISコード，シフトJISコード，EUCコード(EUC-JPと表現されることが多い)，Unicodeである．

　このように，文字をコード化する方法は，扱う文字の種類や用途，歴史的経緯によって多数存在する．そのため，特にデータベースを扱う際には，特別の注意を払う必要がある．データを提供する

側も自分が表示しようとする文字のコードを把握しないと，データの受け手に情報が伝わらない場合がある．このような問題の典型例として，Web ページを閲覧する際の文字化けがある．

(3) 機械語・制御記号

数値や文字は，その情報を人間が見たときに意味を把握するための最小単位であるが，これらのコードの他にも，特定のコンピュータやソフトウェア，通信に特化したコードが存在する．コンピュータに対する命令を記述した機械語や，特定のソフトウェアで利用することのみを想定している制御記号などである．

(4) ファイル

コンピュータは，これらビットの列をファイルという単位で名前をつけて管理する．ファイルには，一般にはピリオド(.)で区切られた名前をつける．ファイルの名前のうち，ピリオドの前の部分を主ファイル名，ピリオドの後の部分を拡張子と呼ぶ．例えば，ファイルに「file.txt」という名前をつけた場合,「file」が主ファイル名で,「txt」が拡張子である．拡張子はファイルの種類を表現する．

文書のように，文字のみをコード化して記載したファイルをテキストファイルという．これは人間が最も簡単に内容を把握できるファイルである．ワードプロセッサなどの専用のソフトを用いて読むことを想定し，テキストとテキストへの修飾を記録してファイルを管理する場合もある．

また，数値データの集合を，人間が読みやすいように各数値を文字として扱い，文字コードにコード化してテキストファイルに保存することもある．このような場合に最もよく使われるのが CSV (Comma-Separated Variables) ファイルである．これは，カンマで区切られた文字列が並んでいるテキストファイルであり，拡張子は csv である．行政がインターネット上で公開する統計データは，主にこの CSV ファイル，Excel ファイル，PDF ファイルの形で提供

される．Excel ファイルは，Microsoft 社の Excel というソフトで閲覧することを想定したファイルであり，拡張子は xls または xlsx である．PDF ファイルは Adebe 社が開発したファイル形式であり，拡張子は pdf である．

インターネット上の Web ページは HTML ファイルに記述される．拡張子は htm または html である．これはテキストファイルであるが，ファイルの内容を記述する際には，定められた文法に沿って文書を書く必要がある．基本的に人間が記述するものであるが，特に電子商取引のサイトでは，コンピュータが自動的に生成する場合もある．インターネット上でのテキストファイルを用いた情報のやりとりでは，XML ファイルも利用される．これは，ファイルがどのような内容をもっているのかというメタ情報をそのファイル内に記述する点と，文法を利用者が定義できる点が特徴である．

(5) マルチメディアデータ

コンピュータが扱うのは，ビットの列により表現できるデジタル情報のみである．現実の世界に存在する連続的に変化するアナログ量をもつ情報を扱うには，それをデジタル量に変換する必要がある．このアナログ量からデジタル量への変換を AD 変換という．音声や画像などを扱うときには，コンピュータにファイルとして保存する前の段階でこの AD 変換が必要となる．

AD 変換は，標本化と量子化という 2 つのステップにより，アナログ量をデジタル量に変換するものである．その前提として，アナログ量の信号を波としてとらえる．この波を一定間隔で抽出してその間隔ごとに数値を取得する．これが標本化である．そして，その各数値をデジタル量に近似する手続きが量子化である．AD 変換の後，アナログ量はデジタル量の数値の列として表現される．この数値の列を定められた形で整形し，ファイルに保存する．

音声を AD 変換する際には，一定時間間隔で標本化を行う．音

声を保存するファイルの形式は複数ある．代表的なものは，WAVファイル，MP3ファイル，RealAudioファイル，AUファイルである．音楽配信でよく利用されるのはMP3ファイルである．

　画像をAD変換する際には，画像を2次元平面空間の部分集合ととらえ，一定空間間隔で標本化を行う．なお，量子化の際に標本化した各数値をどれだけたくさんのビットで数値を表現するかを示す数を階調数という．AD変換の後，画像は座標と色や濃度情報をもつ点の集合として表現される．コンピュータで扱う色は3つ以上の数値の組合せで表現できる．数値の組合せで色を表現する方法は，RGB表色系，XYZ表色系，CMYK表色系など複数ある．RGB表色系は赤(R)，緑(G)，青(B)に対応する3つの数値で1つの色を表現するが，各数値を8ビットで表現する画像をフルカラー画像という．フルカラー画像では，コンピュータ内部では，$2^{24}$(=16,777,216)種類の色を区別できる．ただし，コンピュータ内部では区別しているが，その色を区別して表示できるかどうかはディスプレイモニタやプリンタの性能に依存する．この空間情報と色情報をもつ点の集合は定められた形で整形され，ファイルに保存される．画像を保存するファイル形式としては，JPEG，GIF，PNGなどがある．

　動画をコンピュータで表現するときには，時間によって変化する2次元画像としてとらえ，AD変換を行う．動画の場合には，動かない背景をそのままにして，変化する部分のみに注目して変換を行うという手法を用いて動画のサイズを小さくする場合もある．動画を保存するファイル形式は，MPEG，AVI，WMV，FLV，WEBMなどがあり，インターネット上ではどれもよく使われる．

**(6) プログラム**

　コンピュータにファイルとして保存されるものには，これ以外にもコンピュータプログラムがある．コンピュータプログラムはそ

の用途に応じて，OS（基本ソフト），応用アプリケーションなどがある．OS は，ファイル管理などを行う最も基本的なシステムソフトウェアである．応用アプリケーションは OS 上で動作するソフトウェアであり，用途に応じて導入する．

コンピュータプログラムは，2 つの形態が提供されることが多い．1 つはバイナリで，もう 1 つはソースコードである．コンピュータが直接的に実行できるのは，機械語をビットの列で記述したバイナリである．機械語を人間がそのままの状態で編集することは困難であるため，人間はまず，自然言語に近い形式言語でプログラムをテキストファイルに記述する．これをソースコードと呼ぶ．このソースコードをコンパイラという翻訳ソフトを用いて機械語に翻訳し，バイナリを出力しファイルに保存する．

さらに，これらのファイルは圧縮や暗号化されたうえで提供されることが多い．テキストファイルであっても，圧縮や暗号化されている場合は，適切に解凍，復号しないと閲覧することができない．

## 2.2.4　コンピュータシステムと記憶装置，ネットワーク

ビッグデータは，コンピュータが取り扱う情報である．ここでコンピュータそのものについて簡潔に解説する．コンピュータは計算を行うシステムである．もともとは，計算を行う職人のことをコンピュータと呼んでいたが，現在，コンピュータというときには，機械で構成された計算機のことを指す．ここで，計算とは何であるかを振り返ることにより，コンピュータが抱えるある問題点を提示する．そしてその問題点は，ビッグデータを扱う際に顕著に表れる．

計算とは，1) 命令と記号を読み込み，2) あらかじめ定められた演算規則により演算を行い，3) 演算結果を出力することである．計算問題を解く人を眺めると，まず，問題文を読んで何を計算すべきかとその計算で使うべき数値を把握し，解答用紙の上で数値を

次々に変換していく．数値の変換は自分勝手なものではなく，あらかじめ与えられた四則演算規則，あるいは四則演算を組み合わせた定理に従って行う．そして最後の解答欄に計算結果を記入する．

この計算の定義では，当然，数値(整数や実数，複素数)を四則演算の組合せで加工し，数値を出力する手続きは計算である．さらに，言語処理や画像処理，通信も，2.2.3項で説明したように加工・出力の処理を行うので，計算ということになる．つまり，コンピュータで行うすべての処理は計算である．言語処理の場合は，記号はアルファベットなどの文字であり，画像処理や通信の場合の記号はデータを標本化して量子化した数値，あるいはビットの列である．適切に演算規則を定めれば，これらの記号を目的の記号に加工することができる．

この計算の定義において注目すべき点は，「命令と記号の読込み」と「結果の出力」である．命令は，これから行うべき演算を記号で表現したものであり，結果も記号で表現される．つまり，命令と計算対象と計算結果を記号に置き換えて記憶装置とやりとりすることが計算の大部分を占める．ここで扱う記号がデータである．計算においては，命令も計算対象も計算結果もデータである．

### 2.2.5　コンピュータシステムにおけるデータの管理

コンピュータシステムにおいては，記憶装置を内部記憶と外部記憶の2種類用意し，計算の高速化を図っている(図2-1)．

演算装置はCPUやプロセッサと呼ばれ，この装置が，あらかじめ定められた規則に従って具体的な演算を行う．

内部記憶はメモリと呼ばれる．基本的にCPUの横に設置する半導体チップであり，CPUとの高速なデータの転送が可能である．保持できるデータの量が少なく，コンピュータの電源を落とすとデータも消失する．

第2章 ビッグデータの正体

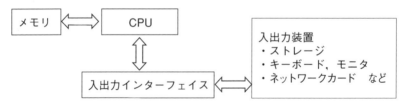

図2-1　コンピュータシステムの概念図

　外部記憶は，ストレージとも呼ばれる．CPUが載っている基盤からケーブルを伸ばし接続する装置である．用途やコストによって，HDD（ハードディスクドライブ），光学ドライブ，磁気テープなどを使い分ける．機械的な構造をもつため，メモリに比べて動作が遅く，データの転送速度はCPUとメモリの転送速度の1000分の1から10万分の1程度である．ただし，データの転送速度は遅いが，保持できるデータの量が多く，電源を落としてもデータは残り続ける．

　一方，メモリが保持できるデータの量はメガバイトやギガバイトの単位であり，ストレージはテラバイト単位である．ストレージの方がメモリの1000倍程度大きい．

　ストレージのデータを用いて計算を行う場合，データは一旦，メモリに転送される．そして可能な限りメモリとCPUとの間で読み書きを行い，メモリが足りなくなった段階で，ストレージを利用する．CPUで行う演算や，CPUとメモリの間のアクセス時間に比べたら，ストレージとのアクセス時間は非常に長いからである．CPUとメモリの間のデータの転送時間はナノ秒単位，メモリとストレージの間のデータの転送速度はマイクロ秒からミリ秒単位である．

　ビッグデータは，メモリどころか1つのストレージの中にも納まらないほど大量のデータである．そのため，ビッグデータを用いた計算では，ストレージとのアクセス時間が計算時間の大部分を占め

る.

　さらに実際には，CPUが計算した結果を出力する先やデータを受け付ける先は，ストレージだけではなく，キーボードやディスプレイモニタ，その他周辺機器，そしてネットワークで接続された別のコンピュータシステムである.

　ネットワークで接続されたシステム間のデータの転送速度は，1秒当たり何ビット送ることができるかで表現される．一般の家庭から接続されるインターネットで，速い場所では，100メガビット（$10^8$ ビット）を1秒に転送できる．専用の事業者のネットワークでは，それがギガビットという単位になる．一方，ハードディスクとメモリの間では，1秒間に数ギガビットを転送できる．メモリとCPUの間のデータの転送速度に比べると，ネットワークを介したデータのやりとりと，メモリとハードディスクの間のデータのやりとりはほぼ同じ程度である．つまり，データを転送するシステムを適切に設計すれば，ネットワーク上のデータを利用して計算する場合も，すべてのデータを抱えたストレージを自分のそばに置く場合と大差のない計算が実現できると期待できる．ビッグデータを扱う計算にとって，HDDのアクセスとネットワークの転送速度の差があまり大きくないという事実は重要である．

　ビッグデータは，コンピュータ通信で扱うデータのことである．コンピュータ通信は，その通信が可能な範囲によって，PAN，LAN，MAN，WANに分類される．

　PAN（パーソナルエリアネットワーク）は，個人の手の届く範囲で行う通信を担う．ワイヤレスマウスやキーボードなどの周辺機器の無線ネットワークがその代表例である．

　LAN（ローカルエリアネットワーク）は，1つの部屋や1つの建物など，広くても約500メートル程度の範囲で行う通信を担う．

　MAN（メトロポリタンエリアネットワーク）は，1つの都市の範

囲で行う通信を担う．ケーブルテレビなどがその代表例である．

WAN（ワイドエリアネットワーク）は，さらに広い範囲で行う通信を担う．

そして，WAN と WAN など複数のネットワークが複合的に接続された広範囲なネットワークがインターネットである．インターネットが想定する通信は国と国，大陸と大陸のみならず，惑星間の通信もその範囲として担う．将来は宇宙空間や惑星との通信が増大すると予想されるため，ビッグデータのデータ量もそれに合わせてさらに増加すると思われる．

ビッグデータは，インターネットにつながるコンピュータシステムの中に点在している．インターネットを通してデータを取得する際の1つの枠組みが Web である．Web は World Wide Web や WWW とも呼ばれる．データを提供するコンピュータシステムを Web サーバ，データを受け取るコンピュータシステムをクライアントと呼ぶ場合がある．Web から取得できるデータは，その内容に応じたかたまりとして見る場合にはコンテンツと呼ばれ，コンテンツが記載されている HTML ファイルや PDF ファイルなどは Web ページと呼ばれる．Web から Web ページなどのコンテンツを取得する際には，そのコンテンツがある場所を文字列で指定するが，これを URL という．

### 2.2.6　ビッグデータの基盤技術

巨大なコンピュータシステムを実現する際には，多数のコンピュータシステムを組み合わせる構成が一般的である．このような巨大なコンピュータシステムでは，それを構成する一つひとつのコンピュータシステムをノードと呼ぶ．例えば，Google 社は数十万個のノードを用いてビッグデータシステムを構築している[7]．何万という単位のノードを用いてビッグデータを処理するためには，こ

れに特化したソフトウェアとハードウェアのアーキテクチャが必要となる．

　Google社は，多数のノードを用いるビッグデータシステムの基盤技術として，Google File System, MapReduce, BigTableを提案している．

　Google File Systemは，ネットワーク上に多数存在するノードからファイルに透過的にアクセスするためのシステムである．

　MapReduceは，ビッグデータシステムの根幹となる部分のフレームワークであり，MapとReduceという2つのステップを通してビッグデータの分析を行う．Mapステップでは，ビッグデータを分割して，分析を担当するノードに振り分ける．Reduceステップでは，Mapステップで振り分けたノードから処理結果を受け取り，その結果を統合する．

　BigTableはGoogle File System上で実装されるデータベース管理システムである．

　オープンソースのフレームワークとしては，Hadoop Distributed File System, Hadoop MapReduce, hBaseがある．それぞれ，Google社のGoogle File System, MapReduce, BigTableに対応する．

### 2.2.7　ビッグデータの目的

　ビッグデータを作成する目的はさまざまであるが，特に目的もなくデータを蓄積していった結果，大量のデータとなった，という例も少なくない．ここではビッグデータを作成する目的を整理する．

　まず，単純にデータの記録そのものを目的としてデータを蓄積する場合がある．これらには，個人のメモや写真，日記などがある．他者に公開することを想定せず，自分自身で見返すことを期待して記録するデータである．これには，個人で記録していったが，結局

は閲覧しきれないデータも少なくない．

　他には，導入したシステムが記録し続けるデータがある．システムの状態を記録するかどうかを事前に設定できるのだが，デフォルトの設定のまま無目的に記録を保存し続けていることがある．さらに科学技術の分野では，未来に新しい知見が得られることを期待して，とりあえず記録することができるデータを記録し続けることがある．記録についてのコストが低下したため，このような贅沢が可能になった．

　また，データを大量に集めることにより，現状を把握することを目的とする場合がある．これには，データをそのままの状態で提供する場合と，データ全体を数個の数字に集約したうえで提示する場合がある．前者は，人間がデータ全体を把握しやすくするために，データの可視化のようにデータの一覧性を高める技術が要求される．そして，後者で用いられる技術が統計である．これは事業や国民の経済に関するデータが主なものである．

　環境の情報を蓄積あるいは通信する技術は，流通の効率化などに応用されており，例えば，渋滞回避はすでに実用化されている．このように，リアルタイムのコミュニケーションやデータが必要な遠隔診断や遠隔授業はこれから研究が進み応用が拡大すると考えられる．

　そして，ビッグデータに最も期待されているのは，ビッグデータから新たな知識を獲得することである．このような目的でデータを利用することは，データマイニングと呼ばれ，1990年代初頭より研究開発が活発になった．企業や行政は主に，ビッグデータから獲得した知識を利益に還元することをめざしており，商取引や社会科学，医療の分野では大きな成果が出始めている．

　コンピュータおよびコンピュータ通信のインフラを維持するためのプログラムも，データとして非常に大きな割合を占める．個人が

利用するコンピュータは，セキュリティ強化のため，コンピュータの電源を入れたり切ったりするたびに，OSやアプリケーションソフトのネットワークを通じた更新が行われる．個人や大学が作成するプログラムの公開も多数行われている．OSやプログラム処理系，科学技術計算，記号計算，その他の用途のプログラムについても，十分な機能をもつものが非営利で公開されている．

### 2.2.8 ビッグデータの利用法

一個人からビッグデータを見たとき，大きく分けると検索，加工，提供，インフラの4種類の利用法がある．これらは独立して使われるのではなく，組み合わせて利用される．

**(1) 検索**

検索は，ビッグデータの中から目的のデータを探し，そのデータを閲覧する利用である．検索の際には，目的のデータが満たす条件を記述する．検索の結果は，目的のデータが存在しない場合もあるし，大量のデータが得られることもある．目的のデータを適切に取得するためには工夫が必要である．

検索をシステムとして利用する最も典型的な例は，Google社が提供するサーチエンジンである[8]．これは，Web上のHTMLファイルやPDFファイル，Excelファイルなどで構成されるWebページを検索するシステムである．Google社以外にもMicrosoft社やYahoo社が提供するサーチエンジンがある[9][10]．検索のためのキーワードを文字列で指定することにより，そのキーワードの情報が記載されているWebページを検索し表示することができる．

**(2) 加工**

加工は，ビッグデータのすべてあるいは一部を編集して提示する利用である．データが数値の集合の場合は，平均値や分散を提示するのが最も基本的な加工である．検索の結果を，その内容を簡潔に

まとめて見やすく加工することもあるが，これは要約という．

データを見やすく加工するという点では，地図の表示がその典型である．Google 社は Google マップという地図表示システムを提供している[11]．個人がもつ情報のうち，住所という属性をもつものについては，Google 社が提供するツールで情報を加工することにより，その情報を Google マップ上に表示することができる．このような，複数のシステムでデータを加工する際のツールやその仕様を総称して API(Application Programming Interface)といい，API を用いて複数の情報を組み合わせて新しい形で情報を提示する手法をマッシュアップという．

また，Google 社は公共機関が公開するデータを可視化して表示する Google Public Data Explorer というインターフェイスを提供している[12]．これは，さまざまな指標の時系列データをグラフによって表示する機能をもつ．

### (3) 提供

提供は，自分がもつ有益なデータをビッグデータに加える利用である．情報やプログラムを，営利非営利にかかわらず，他者が利用できる形で設置する．データの提供について，個人が参加する大規模なものとしてはウィキペディアがある[13]．これは，個人が参加して編集を行う Web 上の百科事典であり，Web ブラウザを通して，サーバコンピュータの中にあるファイルの編集を行う Wiki というシステムを利用している．辞典の編集は誰でも参加できる．ウィキペディアは不特定多数が参加して知識を提供し，大規模な辞典を作成するシステムである．不特定多数が参加してソフトウェアを作成する際には GitHub などが使われる[14]．GitHub はバージョン管理システムの機能を Web 上で提供している．バージョン管理システムは，ファイルの変更履歴を管理するためのシステムである．特にソフトウェア開発において，誰がソースコードのどこを編

集したかを記録し管理するために用いられる．

(4) インフラ

インフラの利用は，ビッグデータを扱うコンピュータ情報通信技術のインフラを積極的に利用することである．ビッグデータは，クラウドという概念・技術で実現されている．このクラウド技術は個人にも格安あるいは無料で提供されており，利用することができる．クラウドはクラウドコンピューティングとも呼ばれ，その一番の特徴はストレージがネットワーク上に存在し，そのストレージにインターネットを通じて透過的にアクセスできる点である．コンピュータシステムごとにデータの複製を保存する必要はなくなり，ネットワーク上のストレージに正本となるデータを1つ保存すれば，どの場所にあるコンピュータシステムからでもその正本のデータを閲覧し編集できる．

複数の企業が個人に向けてクラウドのインフラを提供している．例えば，Google社はアカウント1つにつき容量15ギガバイトのストレージを無料で提供している．アイデアやデータの管理の際にクラウドを利用することにより，個人の生活環境は大きく変化した．

個人の生活に目を移すと，これらの利用以外では，娯楽，アミューズメントでの利用が顕著である．有料無料にかかわらず，ネット上には娯楽用のコンテンツが溢れている．2019年には，一般の消費者がアクセスするインターネット上のトラフィックのうち，80%が動画のデータで占められると予測されている[15]．

### 2.2.9 国の統計とビッグデータ

国家の財政と統計は非常に密接なかかわりがある．人口は国力の基盤であり，資産や土地の計量は税を徴収するための根拠となる．そのため，太古よりこれらのデータの集計が試みられてきた．紀元前3000年ごろには，エジプトでピラミッド建設のために人口調査

が行われている[16]．日本では，700年ごろに律令制の導入と同じくして人口調査や土地の測量が行われている．

現代の日本で基本となる調査は，国勢調査と経済センサスである．国勢調査は日本人全員，経済センサスは日本の企業全部を対象とした全数調査である．日本の人口は約1億2千万人，世帯数は約5500万世帯，事業所数は約600万である．国勢調査と経済センサスは，この数のすべてから回答を得ることを想定する非常に大規模な調査である．一般に，集団の数が多い場合は，その集団の中から一部を取り出して全体を推定する標本調査が普通である．

ここで，対象となる集団全体を母集団と呼ぶ．とくに断りのない場合は，標本調査のことを統計と呼ぶ．標本調査では一部のみを用いて全体を予測するため，当然，誤差が存在する．

一方，集団全体を対象とする調査を全数調査，あるいは悉皆調査という．国勢調査と経済センサスは，母集団を対象とした全数調査である．当然，未回答もいくらか存在するが，行政から依頼された専門員が業務として戸別訪問しアンケートを回収することから，日本では最も信頼性の高い調査であると考えられる．

### (1) 国勢調査

国勢調査の一番の目的は，日本の人口を正確に把握することである．この調査で把握した人口が，議員定数や各種政策の根拠となる．人口そのものを把握するほかにも，誰がどこに住んでいるのか，各人の就業状態，夜間と昼間の人口などを調査する．国勢調査は，このように大規模な調査であるため多大な費用がかかる．そのため，5年に1回の実施となっている．ある国勢調査から次の国勢調査まで5年の間隔があるが，この5年間は人口推計により人口を把握する．

人口は，出生数と死亡数で定まる自然増と，その地域への転入数と転出数から定まる社会増から推計できる．ある年の人口は，

ある年の人口＝前の年の人口＋前の年からの人口増減

である．ここで，

人口増減＝自然増＋社会増
自然増　＝出生数－死亡数
社会増　＝転入数－転出数

である．

　これは，自然増と社会増が統計処理により把握できることが前提である．複雑な処理を用いない場合は，次のように概算できる．

　自然増はほぼ一定の割合で増加あるいは減少することが多いため線形式で近似する．社会増は年によって小さい幅で増減を繰り返すため平均をとることによって，その平均値を近似値とする．

**(2) 経済センサス**

　経済センサスは，2009年から始まった事業所に対する全数調査である．これも5年ごとに実施される．事業者が企業を作る際には，屋号を決め，定款を作成し，その定款の認証を受けて法務局に登記する．行政から見る場合，企業の実体はこの登記のことである．経済センサスでは，この登記を母数として，登記に記載されている事業所へ調査員が向かい調査を行う．経済センサスで得られる最も重要な指標は，GDP（国内総生産）である．GDPは，国内の事業者が生産した付加価値の合計であり，次の手順で集計される．

① 事業所の登記を確認する
② 登記の情報と事業の実態が正しいかどうかを，電話や郵便，インターネットを用いて把握する（これをプロファイリングという）
③ ビジネスレジスターというデータベースにプロファイルを蓄積する
④ 経済センサスによる調査結果をビジネスレジスターに蓄積する

⑤ ビジネスレジスターのデータに，各種工業統計や商業統計の情報を用いて，産業連関表を作成する
⑥ 産業連関表から付加価値の合計を算出する

産業連関表は約 400 の業種ごとに集計した，その業種への投入額と産出額を配列した表である．産業連関表から経済の付加価値の合計を算出する手法はレオンチェフによって考案された．このように，基礎統計資料のデータを加工して経済指標を算出することを加工統計という．

経済センサスは 5 年に 1 回しか行わないため，その間の年次確報や四半期ごとの速報値は，経済センサスで作成した産業連関表や各種統計表をもとに，その期間の各種フローを集計して推計した値である．そのため，経済センサスが行われ産業連関表が更新されるたびに，過去にさかのぼって GDP の値が改訂される．GDP を詳細に分析する際には，GDP は，産業連関表が更新された基準年とセットで把握する数値であるということに留意する．

## 2.3 ビッグデータの正体

### 2.3.1 新しい思考

かつては，理論とは，経済的に整理された経験のことであった．経験を記憶するという難しいことをしなくて済むように，多数の経験を一般化し，理論として簡潔にまとめていたのである．これは思考よりも記憶のコストが大きいためである．日々生み出される情報や大量の学術的知見を，人間が記憶していくことは至難の業である．情報を文書に記録しても，それを膨大な文献の山の中から検索することは困難を極めた．そのため，さまざまな試験においても記憶が占める地位はすこぶる高かった．20 年ほど前までは，企業や

行政，大学には，資料や史料を扱うことに長けたエキスパートが存在した．

しかし，21世紀に入り，ビッグデータとビッグデータシステムを手にした人類は，この状況を下記のように一変させた．

- 個人にとって記憶のコストが限りなくゼロに近づいた
- 大量のデータで仮説を検証できる
- 全数調査で統計処理ができる
- ゲノムデータが自由に検索できる
- 専門家に依頼して収集してもらっていたデータが，目の前のPCでダウンロードできる
- 英文フレーズの例文を自由に取得し比較できる
- 科学技術の解説を動画で閲覧できる
- わからないことを聞くと答えが返ってくる
- アイデアはいつでもどこでも保存して取り出して編集できる

コストの面では，記憶の地位が著しく低減した．かつては記憶を補うためにあった思考という行為の意味と目的が変わろうとしている．やがては，ビッグデータシステムでもできないことこそが思考の役割になると考える．そこで，本節では，ビッグデータの弱点となりうる部分を紹介する．

### 2.3.2 少ないデータ

ビッグデータは，データの数が多く，また，その大量のデータを処理できる基盤とともに存在することが特徴であると述べた．一般に，データの数が多くなればなるほど，正確な予測や計算ができる．特に自然科学の数値計算では，空間に細かい間隔でグリッドを配置し，そのグリッドごとにデータを取得し，グリッドのない場所のデータは計算により補う．グリッドの数が多くなり，グリッド同士の間隔が小さくなるほど正確な計算ができると期待できる．ここ

第2章 ビッグデータの正体

で問題になるのが，データを増やす際に，データが存在する次元が大きくなるに従って，必要なデータ数が指数関数的に増加するという点である．このような次元の大きさにより増大する困難さのことを次元の呪い(図2-2)と呼んでいる．

単純に，空間内に観測点が多いほど正確な予測ができるとする．1次元のときに空間を等間隔に9個の観測点を設けるとする．同じように2次元のときに，この空間の端の辺における予測精度を1次元のときと同じ程度に維持しようとすると，特別の仮定がない限り，等間隔に観測点を設ける必要があり，$9^2 = 81$個の観測点を用意することになる．これが3次元ならば，$9^3 = 729$個である．風洞計算などの科学技術計算では，1つの辺に100個程度の観測点を設けることは普通である．大規模な気象予測では，それが万単位となる．仮に1辺に沿った予測や計算に必要な観測点が1000個だとすると，空間全体で予測を行うには，$10^9$個の観測点が必要となる．各観測点の数値を浮動小数点数で表現すると，1次元の場合には8キロバイトだったデータが，3次元の場合には8ギガバイトになる．

次元は，ふつうの空間を考える場合はその位置情報は3次元であるが，例えば，その3次元内の各点が，気圧，湿度という属性についての数値情報をもっていれば，5次元データとなる．

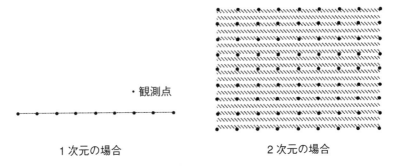

図2-2 次元の呪い

データを集めて情報を得ることを考える場合にも，この困難は発生する．例えばここで，ある数種類の染料を組み合わせて，ある色を作り出すことを考える．

　　　　（染料 1 ＋染料 2 ＋ … ＋染料 $n$）　⇒　色

染料についての知識がない場合，作ることができるすべての色を知るためには，各染料のステップ量を 0.1mg, 0.2mg, … と細かく指定して，それらを組み合わせることにより，色を測定することを繰り返す必要がある．ステップの数を $S$，染料の種類を $m$ とすると，$S^m$ 個のデータが必要になる．

数値データについてのみ考えたが，属性の数が次元の数に相当することから，非数値的なデータについても考慮すべき問題である．特にデータの中から一般的な知識を導出する場合には，あらゆる種類のデータが均一に散らばっていることが望ましいが，データの属性の種類が 20 もあると，各属性がとりうる値の数が 10 しかないとしても，現在のビッグデータのデータ量を超えることになる．例えば，人間の購買行動についての知識をデータから得ようとする場合，そこで候補となる属性は，性別，年齢，出身地，居住地，配偶者の有無，勤務先，乗っている車の種類，好物，健康状態など，いくつも考えられる．これらの属性のすべての値について組合せがあるデータベースがあるとしたら，それは現在のビッグデータよりもはるかに巨大である．

実際の応用では，経営や消費者行動についての知識を用いて属性の数を大きく削減したうえでデータの収集利用を行っている．

### 2.3.3　検索のコスト

データをある規則に従って格納，検索，編集するシステムを，データベース管理システム（DBMS）という．特に断りなくデータベースという場合は，このデータベース管理システムのことを指

## 第2章 ビッグデータの正体

す．ビッグデータの特徴の1つに多様さ(Variety)があったが，この単語は「関係データベースのみならず」,「関係データベースと比べて」という意味で使われることが多い．関係データベースはデータベースの中では基本的なものであり，これはデータの「関係」に注目して設計されたデータベースである．ここでいう関係とは表のことである．この関係データベースを操作するための専用の問合せ言語があり，それをSQL(Structured Query Language)という．関係データベースでは，SQLを用いて，表で表現されたデータの集合に対して，データの検索，格納，更新を行う．

関係データベースは表の集合である．各表は，スキーマとレコードの集合から構成されている．スキーマは，表の名前と，属性の並びを表す．レコードは属性値を並べたものである．

図2-3にデータベースの例を示す．このデータベースには2つの表(自動車，優待名簿)がある．表・自動車のスキーマは

自動車

| 車ID | オーナーID | メーカー | 色 | 車種 | 走行距離 |
|---|---|---|---|---|---|
| C1 | T | T社 | 黒 | セダン | 長 |
| C2 | N | N社 | 青 | クーペ | 長 |
| C3 | X1 | M社 | 白 | 軽 | 短 |
| C4 | X2 | M社 | 白 | セダン | 短 |
| C5 | N | I社 | 黄 | セダン | 短 |

優待顧客

| 顧客ID | 住所 |
|---|---|
| T | 愛知 |
| N | 岐阜 |

図2-3 関係データベースの例

自動車(車ID，オーナーID，メーカー，色，車種，走行距離)である．車IDの値がC1であるレコードは

　　(C1，T，T社，黒，セダン，長)

である．この表にはレコードが5つある．

　ここで，このデータベースを参照して，クーペに乗っている優待顧客の住所にその車の色と同じダイレクトメールを送ることを考える．まず，2つの表を結合する(表2-4)．この操作を積という．

　次に，優待顧客とオーナーIDが等しいレコードを取り出す(表2-5)．

　さらに，このレコードの中から優待顧客の車種がクーペであるレコードを取り出す(表2-6)．

　最後に，優待顧客の住所と車の色を取り出す(表2-7)．

　以上が複数の表を組み合わせた検索の流れであるが，結果が出るまでの途中の段階で，元の表よりも大きな表が現れたことを確認してほしい．この表のレコード数は10であり，表・自動車と表・顧

表2-4　結合した表

| 顧客ID | 住所 | 車ID | オーナーID | メーカー | 色 | 車種 | 走行距離 |
|---|---|---|---|---|---|---|---|
| T | 愛知 | C1 | T | T社 | 黒 | セダン | 長 |
| T | 愛知 | C2 | N | N社 | 青 | クーペ | 長 |
| T | 愛知 | C3 | X1 | M社 | 白 | 軽 | 短 |
| T | 愛知 | C4 | X2 | M社 | 白 | セダン | 短 |
| T | 愛知 | C5 | N | I社 | 黄 | セダン | 短 |
| N | 岐阜 | C1 | T | T社 | 黒 | セダン | 長 |
| N | 岐阜 | C2 | N | N社 | 青 | クーペ | 長 |
| N | 岐阜 | C3 | X1 | M社 | 白 | 軽 | 短 |
| N | 岐阜 | C4 | X2 | M社 | 白 | セダン | 短 |
| N | 岐阜 | C5 | N | I社 | 黄 | セダン | 短 |

### 表 2-5 優待顧客とオーナーID

| 顧客ID | 住所 | 車ID | オーナーID | メーカー | 色 | 車種 | 走行距離 |
|---|---|---|---|---|---|---|---|
| T | 愛知 | C1 | T | T社 | 黒 | セダン | 長 |
| N | 岐阜 | C2 | N | N社 | 青 | クーペ | 長 |
| N | 岐阜 | C5 | N | I社 | 黄 | セダン | 短 |

### 表 2-6 車種

| 顧客ID | 住所 | 車ID | オーナーID | メーカー | 色 | 車種 | 走行距離 |
|---|---|---|---|---|---|---|---|
| N | 岐阜 | C2 | N | N社 | 青 | クーペ | 長 |

### 表 2-7 住所と車の色

| 顧客ID | 住所 | 色 |
|---|---|---|
| N | 岐阜 | 青 |

客名簿のレコード数の積に等しい．これは，ビッグデータを扱う際には非常に問題になる点である．データベースの検索過程に現れる表は，コンピュータのメモリ上に展開される．もしこの表がメモリの中に納まらなければストレージとのアクセスが発生し，検索結果を得るまでに長い時間がかかることになる．これは，複数の表にまたがる検索はコストが高いと表現される．一般には，検索途中に作られる表の大きさは，積の表の大きさを結合のキーとなる属性が取りうる値の数で割った値まで抑えることができる．また，検索対象となるレコードを事前に絞り込むことによってコストを抑えることができる．

そしてもう一つ，検索結果が表の形で得られることを確認してほしい．この例では，検索結果が1レコードだけであったが，クーペを所有している優待顧客の数だけレコード数が増える．つまり，結果の出力の際にも先ほどのメモリの大きさとストレージアクセスの

問題が発生する．一般に，受け取る検索結果の数が多くなるほど，これに，長い時間がかかる．一度に受け取る検索結果の数の上限を指定することにより，改善できる．

これらの問題は，当然，関係データベース以外のデータベースでも発生しうるが，検索の対象と受け取る結果の数を絞ることにより改善することができる．さらに検索のための索引（インデックス）を作成して，それをキーにすることにより，検索を効率化することもある．

### 2.3.4 予測は困難

ここで，数値データに限定して，ビッグデータによる予測について考える．

いくつかのデータ点が与えられているとする．**図 2-4** では，横軸が $x$ を，縦軸が $y$ を表すデカルト座標平面上に9個のデータ点 $(x_1, y_1)$，$(x_2, y_2)$，…，$(x_9, y_9)$ が与えられている．ただし，$x_1 < x_2 <$，…，$< x_9$ とする．

この図を眺めると，データ点とデータ点の間を何らかの曲線で滑らかに結ぶことができると予想できる．そこで，データ点とデータ点の間を，$x$ を引数にもつ関数で結ぶことを考える．このような関数は無数にあるが，データ点にある仮定をおくことにより，関数を限定することができる．

まず，データ点に誤差がないと仮定する．つまり，データ点を確実に通る関数を考える．この場合，データ点の数より1つ小さい次数をもつ多項式であれば，目的を達成できることが知られている．図 2-4 の例では，8次多項式，
$$y = f(x) = a_0 + a_1 x + a_2 x^2 + \cdots + a_8 x^8$$
を用いれば，データ点を通る曲線を描くことができる．この多項式を定めるということは，多項式の9個の係数 $a_0$，$a_1$，…，$a_8$ に具

第2章　ビッグデータの正体

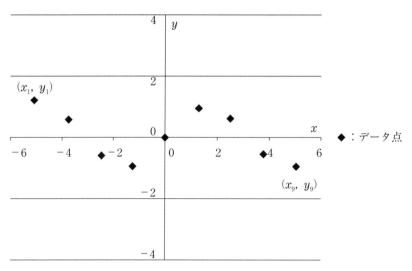

図 2-4　与えられたデータ点

体的な数値を定めることと同値である．

　次に，各データ点が，ある分散と平均をもつデータ発生装置のようなものから得られたと仮定する．この場合，各点と関数との距離の合計を最小にするように関数を決めることになる．図 2-4 の例では，8 次よりも少ない次数の多項式で曲線を描くことができるが，データ点を通るとは限らない．

　データ点を確実に通る関数によりデータ点とデータ点の間を補う方法を補間という．一方，各データ点を，ある分散をもつデータ発生装置のようなものがたまたま実現した点だと仮定し，できるだけデータ点の近くを通る関数によりデータ点とデータ点の間を補う方法を近似という．図 2-5 に補間の様子と近似の様子を示す．補間は 8 次多項式，近似の方は 3 次多項式である．

　ここでは，データ点に誤差がない補間について考える．補間では，データ点の数より 1 小さい数を最大次数としてもつ多項式を用

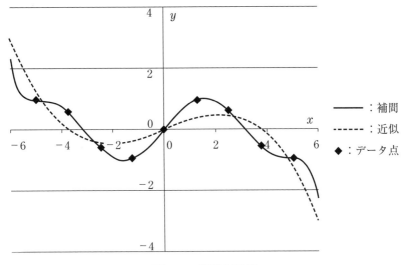

図 2-5 補間と近似

いれば,すべてのデータ点を通る曲線を描くことができる.しかし,データ点の配置によっては,ある困難が生じる.データ点の数を増やすと,データ点の集合の中心部の方では滑らかにデータ点を補間するが,データ点の集合の端の方では多項式が大きく振動する場合がある.図 2-6 はデータ点を 5 から 11 に増やすと,−5 と 5 の周辺の振動が大きくなる様子を示す.

これは,高い次数の多項式を全区間に当てはめようとするために起きる現象(ルンゲの現象)である.

そこで,この端点付近での振動を回避するために,次の性質をもつ関数で補間を行うことを考える.

- その関数はすべてのデータ点を通る
- その関数は,データ点において,1 階微分と 2 階微分が連続である

前者の条件は,関数がデータ点において連続であることを要求し

第 2 章　ビッグデータの正体

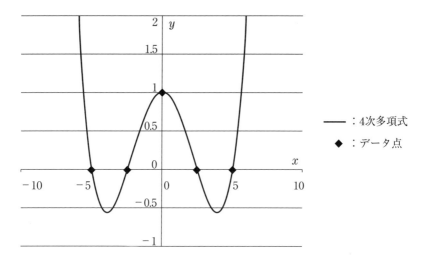

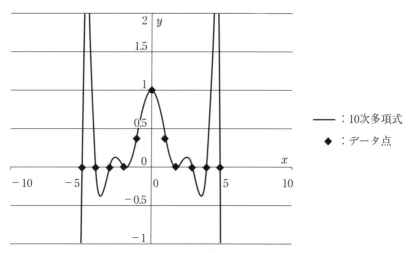

図 2-6　多項式補間（データ数 5 と 11）

ている．後者の微分が連続であるという条件は，データ点において関数が滑らかであることを要求している．

このような性質をもつ関数は，区分多項式で構成することができる．これは，区間と区間の間を別々の係数をもつ多項式を，データ点で滑らかにつながるように当てはめたものである．**図 2-7** は，多項式による補間と，区間多項式による補間を示す．この例の区間多項式は，データ点とデータ点の区間ごとに異なる3次多項式をあてはめている．

関数の滑らかさの定義で微分が出てきたが，2階微分は，与えられたデータ点のみで表現できる関係式を利用し近似した．その関係式は，データ点$(x_i, y_i)$における2階微分を$y_i''$とすると，

$$hy''_{i-1} + 4hy''_i + hy''_{(i-1)} = 6\left(\frac{y_{i+1}-y_i}{h} - \frac{y_i-y_{i-1}}{h}\right)$$

と表現できる．ここで，$h = x_{i+1} - x_i$であり，すべてのデータ点の$x$軸方向の間隔が同じであるとした．この関係式を連立方程式と見て，その方程式を解くことにより$y_i''$を求めることができる．そして$y_i''$から1階微分を近似し，区間多項式を構成する．このような2階微分を近似する関係式はいくつもあるため，この関係式を重要視する必要はない．しかし，どの方法を採用しても重要なことは，仮にデータ点が9個の場合，$y_1''$と$y_9''$を決めるためのデータ点が足りないということである．上記の式に従い2階微分を求めるためには，$y_0$と$y_{10}$という，さらに端のデータが必要である．微分は変化率であるため，データ点の集合の端では微分を計算することが難しい．

そこで，**図 2-8** の区間多項式の例では，天下り的に端点の2階微分を0とおいて区間多項式を決定した．この場合については，このような値の恣意的な代入は悪いことではない．その理由は，端点の2階微分を0とおいた場合に補間多項式全体を曲線と見た場合の区

第 2 章　ビッグデータの正体

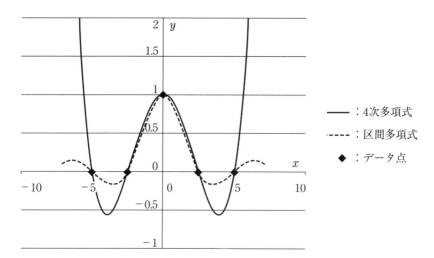

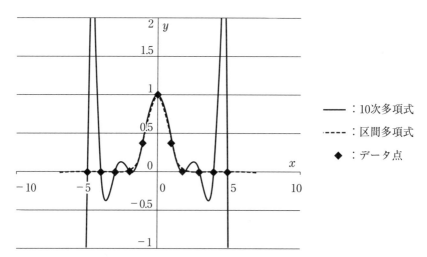

図 2-7　種類の補間法（データ数 5 と 11）

2.3 ビッグデータの正体

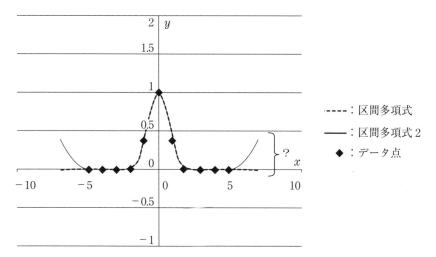

図 2-8 端点での2階微分を0とおいた補外(区間多項式)と，0.1とおいた補外(区間多項式2)

間全域での曲率が最小になることを証明できるからである．曲線の振動を抑えるということが目的ならば，これを採用すべきである．

しかし，一つの問題がある．それはデータ点の集合の外での関数の振舞いである．データの集合の外の値を補うことを，補外あるいは外挿という．2階微分を0とすることは，変化率が変化しないと仮定することである．つまり，データの外での振舞いについて，端点付近での変化が変わらないと仮定をおいたことになる．

図 2-8 に，端点の2階微分が0の場合と0.1の場合を示す．データ点の集合の間の補間はどちらもほぼ同じであるが，データ点の集合の外に出ると振舞いが異なる．これはデータ点がある区間の内側では同じように当てはまるが，外側の予測が大きく異なるというモデルが複数あることを示している．

データの端点を「今」とすると，データの外側は「未来」である．これは未来の予測が難しい理由の一つである．データの端のさ

らに外側を予測するには，データのみからは得られない仮定や要求を当てはめる必要がある．ここでの例は1つの変数を引数とする関数を求める問題であったが，一般には，複数の変数を引数とする関数を求めることになる．1変数の場合の定義域の端点は2個である．2変数の場合の定義域は平面になり，端点は境界線となる．3変数の場合は境界面になる．変数の数は次元に相当し，次元が増えるほど境界の外側の予測を行う際に，恣意的な仮定が多く必要となることを示している．

ここまで，補間を題材にして，次数を多くするとデータの端での振動が大きくなることを説明してきた．この端点での振動は近似の場合にも発生する．多項式の次数が大きいほど与えられたデータ点の近くを通るようになるが，振動が大きくなる．振動と誤差はトレードオフの関係にある．

機械学習の分野でも，与えられたデータ点をできるだけ通るような多項式や関数を求める問題を扱う．この分野では，データ点の近くを通るが余分な振動が発生することを過学習と表現する．これを避けるために，多項式の次数を減らすための基準を設け，データ点以外にテスト用の集合を用意することがある．また，データ点がもつばらつきの分布に仮定を設けることによりこれを避ける方法がある．

つまり，近似の場合にも，データ点がない場合の予測についてはいくつかの仮定をおく必要がある．

次に，端点での変化についての仮定が得られたとしても，その仮定の内容によっては予測が難しくなる極端な例を示す．ある属性 $y$ の値を何度も計算していく状況を思い浮かべてほしい．ステップごとのデータの変化を次のように設定する．

$$y_{n+1} - y_n = -((1-a)y_n + ay_n^2)$$

ここで，$y_{n+1} - y_n$ がある $n$ ステップ目から次のステップへの $y$

の変化を表現しており，その変化がそのときの $y_n$ の値とその2乗の結合で表現されている． $a$ は定数とする．

このような設定で $y$ の初期値を 0.5 として $y$ の値を繰り返し計算していくと，$a$ の値によって，挙動がまったく異なるように見える結果が現れる．

この例における，ある値から次の値との関係はロジスティック写像と呼ばれる（図 2-9）．

ここで設定した変化は
$$y_{n+1} = ay_n(1-y_n)$$
と変形できるが，ロジスティック写像はこの形で紹介されることが多い．

図 2-9 の例は，現在の値により変化の量が非線形に変化している．このような場合の予測には注意が必要である．

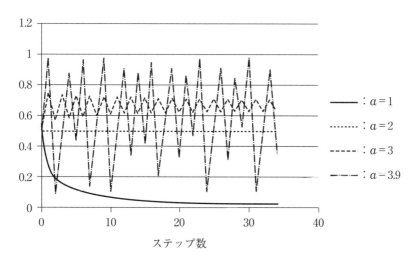

図 2-9　ロジスティック写像

## 2.3.5 モデルのないデータ

**(1) システムとデータ**

　ビッグデータは，システムから得られる情報である．ここでいうシステムとは，複数の構成要素や部品が集まり，複雑な相互作用をもち活動するもののことである．複数のモノがあることと，それぞれに相互作用があるという点がポイントである．つまり，部品の一つひとつについて詳しく理解しても，全体が理解できないということであり，全体は部分の合計ではないとも表現される．ビッグデータはこのようなシステムから得られるデータであり，システムが複雑だからこそデータを大量に集める必要がある．都市や人間はもちろんのこと，気象，交通，ソフトウェア，金融取引その他経済はすべてシステムである．

　ある部分に視点の基準をおいてシステム全体を眺めたとき，部分を組み合わせたときに，システムの複雑さは部分と部分の組合せによる新奇性として現れる．

　システムは，ただ眺めているだけでは理解することも利用することもできない．そこで研究や理解のために，システムの複雑な部分を無視あるいは単純化し，本質であると思われる部分のみに注目することが行われる．このように，システムを単純化した表現をモデルという．モデルはシステムを抽象化したものであるということもできる．モデルはシステムの類似物であり，当然，システムそのものとは異なる．しかし，モデルを利用することにより，システムの理解が深まることが期待できる．

　システムを抽象化し，ある特定の目的のために用意された人工言語や数理表現により表現したモデルのことを，特に数理モデルという．特定の目的とは，現状や未来を定量的に表現することや，システムの挙動を具体的な演算で表現することなどである．

## 2.3 ビッグデータの正体

　パラメータをもつ数理モデルについて，そのパラメータに具体的な値を当てはめて特殊化したモデルを仮説という．仮説の集合あるいは，仮説を一般化したものがモデルであるということもできる．統計学で検定の対象となるのはこの仮説である．

　　　　モデル＋具体的なパラメータ＝仮説

　例えば，ある製品の重さを測っていて，そのばらつきを調べる状況を考える．特に仮定をおかない場合，統計学では，測定値はある正規分布に従う数値を発生する装置のようなものからたまたま出力された値である，と仮定する．これを，測定値は正規分布に従うと表現する．この「正規分布に従う」あるいは正規分布そのものがモデルとなる．正規分布には平均と分散というパラメータがある．このモデルの場合は，平均と分散に具体的な数値を当てはめたものが仮説である．

　データ点の補間の例では，「この点には誤差がない」，「入力と出力の関係を4次多項式で表現できる」がモデルである．あるいは，

$$f(x) = a_0 + a_1 x + a_2 x^2 + a_3 x^3 + a_4 x^4$$

という数式がモデルとなる．ここで，各係数に具体的な数値を当てはめた式，

$$f(x) = 1.000 + 0.000x - 0.199x^2 + 0.000x^3 + 0.006x^4$$

が仮説である．

　仮説は具体的に検証可能なものであり，さまざまな検証に耐えることができれば，理論や定理として採用される．ビッグデータは，仮説を作ること，そしてその仮説の正しさを検証するために用いることができる．

　仮説の正しさを考えるうえでモデルが重要な土台になっている．

　これを逆に見ると，ビッグデータが仮説を作るととらえることができる．そしてその仮説こそが，我々が理解したいものであるシステムを具体的に表現する．

第2章　ビッグデータの正体

　我々はデータのみを見るのではなく，モデルとデータを組み合わせて初めてシステムを理解することができる．ビッグデータシステムが現実になった今，データの記憶や検索にかかるコストが低減し，データそのものの相対的な価値が低下した．ビッグデータが資産であるとは，正確には，ビッグデータとそれを扱うモデルが資産ということ，そのモデルを土台に理論化した仮説が資産ということである．

　データから仮説を導くことを帰納という．複数の仮説を，より汎用的で多くの仮説を内包する仮説にまとめることを一般化という．ビッグデータから仮説を求める際には，より一般的な仮説を帰納することをめざす．

(2)　ビッグデータのモデル

　ここで重要な点が，ビッグデータにはモデルがあるのかということである．もちろん，機械が自動生成するような小さいデータの集合にはモデルがある．データを生成した装置がそのモデルである．企業が集めるデータにも，その背景にあるモデルを想定しているはずである．だからこそ，あえてそのデータを選択し収集するわけである．しかし，複数の装置や，複数の企業が集めた大量のデータを目の前にしたときに，それらを1つのビッグデータとして扱ってよいというモデルは，ビッグデータを扱う側が用意しなければならない．

　ビッグデータの特徴であるデータの多様さ(Variety)は，すなわちデータが表現するモデルが多数あるということである．あるデータは関係データベースのように表で表現できるモデル，あるデータはグラフで表現できるモデル，あるデータは木構造グラフで表現できるモデルであるがその葉の部分のある属性の数値データのばらつきは正規分布で表現できるなどさまざまである．さらに，これらデータを用意した主体についてもさまざまである．例えば，気温と

いうデータを集めることを考えても，データから集客についての知識を得るために営利目的でデータを集める場合，研究用にデータを厳密に集める場合，行政の業務として集める場合，100年前の測定機器で集める場合，都市の中心で最新のセンサを用いて集める場合など，多様に考えられる．これらデータを集める側についても考慮してモデル化を行う必要がある．

### 2.3.6 ビッグデータの相関関係と因果関係

データをもち出してきて何かを主張するとき，データが主張の内容を裏付けることを示す必要がある．この主張とデータの間をつなぐ枠組みがモデルである．この枠組みを用いてよいことや，この枠組みの強さを統計的な数値で示すことができればなおよい．さらに，主張が成り立つ範囲と成り立たない範囲も示せばさらによい．

しかし，あるデータと主張に間をつなぐ枠組みをビッグデータから導出することは難しい．

データと主張の間のつながりは因果関係であることが多い．ビッグデータを用いて導出できるのは，基本的に相関関係である．因果関係を導くためには，強い仮定をおき特別な技術を用いる必要がある．

(1) 相関関係と因果関係

ここで，因果関係と相関関係について簡単に述べる．因果関係は，

　　　　A　ならば　B

という形で表現できる．例えば，ビッグデータを解析して，「桜の開花率が上昇しているときに，おでんの売上が減っている」という知識を得たとする．このとき，

　　　「桜の開花率が上昇する」　ならば　「おでんの売上が減る」

と結論できるであろうか．これはおそらく間違いである．その理由

は，背後に「気温が暖かくなる」という要因があるからである．おそらく，

　　　「気温が暖かくなる」　ならば　「桜の開花率が上昇する」
　　　「気温が暖かくなる」　ならば　「おでんの売上が減る」

という2つの因果関係が背後にあるはずである．これらの因果関係が正しい場合，気温の上昇が真の原因である．開花率とおでんの売上の関係は，因果関係ではなく，相関関係と呼ばれる．因果関係と相関関係のうち，価値が高いのは因果関係のほうである．

　因果関係は2つのできごとが原因と結果の関係にあることを示す．この因果関係を導くことが困難な一番の理由は，その2つ以外の要因のすべてを制御できないからである．できごとAとできごとBが因果関係にあることを調べるには，AとB以外のすべての要因を一定あるいは無視できる値に抑えたうえで，

　　　　A　ならば　B

とその対偶，

　　　　Bでない　ならば　Aでない

を確認する必要がある．対象とする要因のみを変数として取り出し，他のすべての要因を定数として扱うことができるように環境を制御することを，変数の分離という．

## (2)　おでんの売上の因果関係

　例えば，自然科学の分野では，実験室で気温や湿度，その他環境要因を徹底的にコントロールしたうえで，何百回もの実験を実施し因果関係を確認する．しかし，研究室の外の世界では，このようなコントロールは不可能である．先ほどのおでんの例でいうと，おでんの売上には，おでんを買う人の性別や住所，勤務先，気分，直近の食事内容，時間の経過など多数の属性がかかわっていると考えられるが，これらをすべてコントロールすることはできない．

　そのため，因果関係の原因として使えそうな属性の候補(例えば

## 2.3 ビッグデータの正体

気温)を探してくることになる．ここで，その属性を候補としてもってくる根拠がモデルである．「気温が上昇すると桜の成長抑制ホルモンが破壊される」，「気温と桜の開花率には気温を変数とするある関数関係が存在する」などがそれに当たる．このように，モデルにより，気温と桜の開花率の因果関係を主張できる．それが因果関係であることの正しさは，気温と成長ホルモンの破壊率のデータや，気温と開花率の関係を主張する文献や個人の経験などを用いて示すことが可能となり，また同時に因果関係が成り立たない範囲を調べることも可能になる．このように，データをもってくるためには，まずモデルが必要である．

注意すべき点は，納得できる因果関係が得られたとしても，それは間違っている可能性があるという点である．手元にあるデータ全体を見渡して因果関係と整合性のないデータがなかったとしても，ビッグデータですら可能なデータのうちの一部である．可能なデータの中で実際に因果関係が成り立つことを確認したデータの数で正しさの大きさを定義するなら，その大きさが100%であることは稀である．例えば，

　　　　A　ならば　B, B　ならば　C, C　ならば　D, …
　　　　Y　ならば　Z

という因果関係があったときに，それぞれの因果関係の正しさが大きかったとしても，

　　　　A　ならば　Z

の正しさが大きいとは限らない．そのため，因果関係についても，その関係が成り立つというモデルとそのモデルの正しさの根拠，有効範囲を注視する必要がある．各因果関係の正しさを説明するモデルをミクロなモデルと表現すれば，AとZの間の因果関係の正しさを説明するモデルはマクロなモデルである．この表現のうえで述べるなら，ミクロな関係を推移律や三段論法で組み合わせた命題の

真偽，ミクロの状態の集計を見るだけでは不十分である．マクロなモデルを，ミクロな関係の背後にあるモデルの組合せとして見たときの整合性を確認することが必要である．

(3) 経済の因果関係

複数のモデルが出力した大量のデータを1つのビッグデータとして扱うモデルの典型例として，経済を記述するモデルがある．経済は変数分離が不可能であり，さらにフィードバックを含むため複雑な挙動をとる．国民経済計算では，複数の主体から得られる大量のデータを，全体で1つのビッグデータとして扱い，集計する．

国全体の経済を金額という1つの数値として表現できることは不思議である．国民一人ひとりが扱う通貨の価値や理由はそれぞれである．巨視的に経済を見るマクロ経済学では，「経済を構成する各個人は経済人である」というモデル化を行う．経済人は，複雑なシステムである個人を，「合理的に利益を追求」し，「定価販売」を行うモノとして抽象化したものである．このモデル化により，金額という数値に共通した意味が与えられ，国民全体での集計が可能になる．当然，この経済人はフィクションであり，現実にはありえない仮定である．しかし，経済を集計するデータとその集計結果は，このモデルを通して見たときに初めて解釈が可能となる．

人間個人の経済活動が合理的でないことや，定価販売が行われていないことは，現実に実験や観察によって示されている．しかし，個人のデータを集計し，その集計結果をもってより大きな経済についての仮説を提示することは難しい．個人の不合理に見える部分をモデル化する必要があり，さらにそのモデルが，個人個人を積み上げていったときに，全体として整合性を保っている必要がある．

(4) 論理学とモデル

ここで論理学のモデルについて補足しておく．論理学でも「モデ

ル」という単語を用いる．これはシステムについて言及するときの「モデル」とは意味が異なる．

　論理学では，命題記号と論理演算子記号の組合せで論理式を表現する．命題記号に真（True）や偽（False）という値を割り当てることにより，論理式が真になったり偽になったりする．論理式の真偽を決定することが可能な，命題記号に対する真偽の割り当てを解釈という．そして，対象となる論理式が真となる解釈をモデルと呼ぶ．

## 2.3.7　ビッグデータに求められる電力・コスト

　「半導体チップに搭載される単位面積当たりの素子の数は毎年倍増していく」というムーアの法則がある．これは経験則であり，理論的に導かれる予測ではない．しかし現実には，倍増するスピードが1年半に落ちた程度で，半導体チップに搭載される素子の数は指数関数的に増加している最中である．ここでいう素子とは，電圧の値によって電流を流したり絶縁したりするトランジスタのことである．1つの半導体チップの中には数十億個のトランジスタが搭載されている．トランジスタは，理想的には，定常的な状態では，電圧はかかっているが電流は流れない．スイッチのオン／オフで表現される電圧の変化の際に電流が流れる．メモリについても，データを保持している間ではなく，データの書き込みや消去，とくにデータのリセットの際に電流が流れる．

　電気が行う単位時間当たりの仕事のことを電力という．電力は電圧と電流の積で表現される．

$$電力 = 電圧 \times 電流$$

つまり，電圧がかかっていても電流が流れていなければ電力はゼロである．電流が流れれば仕事が発生し，仕事は最終的には必ず熱となる．

　半導体チップは，集積化が進むにつれて，オン／オフを行うトラ

ンジスタの数が増加し，単位面積当たりの発熱量が増加し続けてきた．現実のトランジスタは，定常的な状態でもわずかながら意図しない電流が流れている．これを漏れ電流あるいはリーク電流という．漏れ電流は，普通の状態ではわずかであるが，素子の温度が上昇すると，無視できない大きさになる．そして漏れ電流が熱を発生し，さらに漏れ電流が増えるという悪循環に陥る．漏れ電流が大きくなると，素子として機能しなくなる．その半導体チップ以外にも，コンピュータシステムを構成する物理的な機構が熱で破壊されることもある．最近のコンピュータシステムは，温度上昇を察知して，問題となる温度になる前に意図的にシステムを停止する仕組みをもっている場合もある．一般の個人用コンピュータでは，40℃辺りが推奨される温度であり，70℃辺りを規格上の上限としている．それを大きく超えてもシステムが破壊されるわけではないが，やはり予防的にCPUの処理数を抑えてシステムが自動で停止する．また，冷却が不十分であるとシステム全体での故障率が上昇する．

　そのためコンピュータシステムは，温度上昇を規定の範囲内に抑えるために冷却装置を備えている．コンピュータシステムの消費電力の内訳を大きく分けると，基本的にはコンピュータシステムの稼働に伴う電力と，冷却装置に使う電力の2種類である．

　ビッグデータシステムは，数千台から数十万台のノードと呼ばれるコンピュータシステムから構成される．電力は1つのコンピュータシステムの数千倍から数万倍となる．発生する熱は，多数のノードをひとつの建物の中に収容する場合にはさらに大きくなる．建物の中に多数のノードを配置し，冷却装置を備えた施設をデータセンターという．データセンターは，冷却のための巨大な装置や建物を用意しており，また放熱のための構造をもつ特殊な外見をしている．ノード1つが消費する電力は数百ワット程度であり，これが1万台あると数百万ワットである．100万ワットは1メガワットとも

表現される．サーバが10万台あると数十メガワットの電力を消費することになる．原子力発電所の出力が数十から数百メガワットの規模である．

実際に消費した電力量は，電力と時間の積で計算される．ここでGoogle社を例にとり，ビッグデータシステムが消費する電力量の規模を大まかに算出する．Google社の設立は1998年である．1998年に米国が消費した電力量は3,281,328ギガワット時であり，2011年に消費した電力量は3,777,001ギガワット時である（1ギガワット = 1,000メガワット）[17]．一方，2011年にGoogle社が発表した2011年の電力量は2,675,898メガワット時である[18]．Google社設立からの2011年までの米国の電力消費量の増加分は495,673ギガワット時であるから，その増加分のうちの0.5%がGoogle社の電力消費量に相当することになる．

一般的なデータセンターでは，ビジネスにかかるコストの6割が機器と施設の費用，2割が人件費であり，残りの2割が電気代である．ビッグデータシステムが提供する情報やサービスをビジネスの商品としてとらえると，その商品の原材料に相当するものは，電気のみである．ビッグデータシステムは，商品1単位を生み出すのに必要な消費電力を抑えると，それに応じてそのまま商品の利益率が高まるという特殊なコスト構造を有している．

ビッグデータシステムでは，電力の消費量そのものが大きいという理由と，電気をどれだけ有効利用するかが利益に直結するという理由から，電力がコストの重要な位置を占めている．

### 2.3.8 ビッグデータに接するときのポイント

以上のことから，ビッグデータシステムあるいはビッグデータを利用して得られた理論に接するときに注意する点が浮かび上がってくる．

第2章　ビッグデータの正体

(1)　データがカバーする範囲

　まず，理論や仮説を支えるデータが，可能なデータのうちどれだけの範囲をカバーしているのか確認することである．見た目の量が多くても，属性の組合せによっては可能なデータ量のごく一部であることがある．全体に比べてどの程度の範囲のことを扱っているのかという点に注意すべきである．

(2)　検索方法の独自性

　次に，ビッグデータシステムが，どのようにデータの絞り込みを行っているのかに注目する．これは，データ検索者が明示的に指示しない絞り込みである．ビッグデータの新しい検索システムに接したときには，データモデルの他にも，検索の絞り込みに独自性がある場合がある．

(3)　予測に用いた仮定

　ビッグデータを用いた予測については，データがカバーする範囲の予測については的確なことが多い．問題は，データが存在しない外側についての予測である．このときには，予測に際して強い仮定を置くことが多い．予測者が自由に設定できるパラメータは何なのか，そこにどのような値を置いたのか，変化率の変化の程度をどのように設定したのか，その際に使われた知識や要求は何かという点に注目すると，提示された予測についての理解が深まる．

(4)　モデル

　ビッグデータを背景にした知識を受け取る際に最も重要な点が，そのモデルを知ることである．その知識が平均値のような単純な代表値であっても，データを生成するモデルによって，その数値の意味が異なる．知識の正しさを判断するためにも，まずモデルを理解することが大切である．一方，ビッグデータから新しい知識を提示する側にとっては，モデルを作ることが最も重要な仕事である．

## 2.3 ビッグデータの正体

### (5) 電力・コスト

　最後に，ビッグデータシステムのコスト，特に電力について注目すべきである．データセンターの，金銭に換算できるランニングコストの大部分は電気代である．1メガワットの電力を1年間使ったときの電気代はおよそ1億円である．ビッグデータシステムの規模を把握したい場合は，まず，その消費電力を見ればよい．逆に，扱うビッグデータの規模によって電気代を予測することもできる．データセンターごとの特徴は，冷却装置や建物および電気代の節約に現れるということもできる．

　これらのことは，当然，既存のビッグデータシステムでは考慮されている．専門家もこれらを把握したうえでビッグデータを利用している．別の見方をすると，これらについての疑問を解消することにより，その知識の限界を正確に把握できる．ビッグデータは人の思考のあり方を変えていくものであるが，ビッグデータの正体を知ることにより，どのような思考に価値があるかのヒントを得ることができる．

# 第3章

ビッグデータ解析に用いられる統計学

# 第3章 ビッグデータ解析に用いられる統計学

## 3.1 はじめに

　コンピュータの発展により，これまで人間の手に負えなかった，ビッグデータに対する検索や集計，演算，整形が可能になった．21世紀になり，我々はやっと，ビッグデータを抽象化することによって得られる構造，すなわち「使える知識」に加工する力を得た．ここで抽象化とは，データの集合から情報を削除する演算である．例えば，データ全体を代表する数値として平均値があるが，この平均値は，データの集合から平均という情報以外のすべてを削除した後に残る1つの数値である．抽象化された構造としては，数値やベクトル，関数とパラメータの組，その他の単純なモデルが考えられる．我々はこの知識を用いてビッグデータ全体を把握し，社会の現状や未来を予測する．その際，データの表現やその演算に数学的記述を与えることにより，ビッグデータから獲得する知識やその知識を利用した結果が合理性をもつと期待できる．

　本書は，ビッグデータを扱う手法として，統計的手法に焦点をあてている．手法そのものは，数学的な演算と手続きから構成されているため自動化が可能であり，特に大量のデータを扱う際には，コンピュータを用いて処理することが一般的である．統計的手法で得られる数値やモデルは，ビッグデータを抽象化して得られる知識である．抽象度が高い知識ほど汎用性が高いが，その分，自分に必要な情報が削除されている可能性が高い．例えば，平均値は1つの数値のみで提示される抽象度の高い知識であるが，データの散らばりの状況を把握したい場合には，その情報が削除されている．そのため，統計的手法を実行する人だけでなく，統計的手法で得られた知識を利用する人も，統計的手法の具体的演算やそこで用いるモデルやその特徴について理解する必要がある．これら知識を用いると社会の構造を推測することが可能となるが，その推測の正しさは確率

や信頼区間で表現される．この正しさを表現する数値の意味を理解するためにも，統計的手法について理解することが要求されている．

本章では，ビッグデータを加工する人とその結果得られた知識を利用する人を念頭におき，統計的手法について解説する．統計的手法には，データ全体を記述する記述統計と，得られたデータから全体を予測する推測統計の2種類がある．本章で単に「統計」と記述する際には，推測統計を意味する．

まず，3.2節で記述統計について述べる．続く3.3節から3.6節で，統計のモデルや演算，解釈で必要となる確率について述べる．そして3.7節と3.8節で統計と推測の具体的手続きを述べ，3.9節では，得られた知識の正しさを表現する方法を述べる．さらに発展的手法として，3.10節から3.13節で，回帰分析，マルコフ連鎖，ベイズ統計，モデル選択を紹介する．

## 3.2 記述統計：代表値と散布度

データ全体を整理・分類し，数学的演算により抽象化する手法を記述統計と呼ぶ．

数値の集合 $\{x_1, x_2, \cdots, x_n\}$ について，その集合の特徴を表現する数値に，代表値と散布度がある（表3-1）．代表値は集合の中心という概念を表現する数値であり，散布度は集合の要素の散らばり具合という概念を表現する数値である．代表値には，平均値や中央値などがあり，散布度には分散や偏差などがある．

代表値と散布度は，データ全体を数値の集合として表現できるときに用いる．これらは，データ全体を抽象化し1つの数値で表現したものである．一般には，データ全体の特徴を一言で伝達する際に利用される．

第3章 ビッグデータ解析に用いられる統計学

**表 3-1 代表値と散布度**

| 定義 | 代表的な例 |
|---|---|
| 代表値：集合の中心を表現する数値 | 平均値 |
| | 中央値 |
| 散布度：集合の要素の散らばり具合を表現する数値 | 分散 |
| | 偏差 |

平均値は，一般的に $\bar{x}$ と表記し，次式で計算する．

$$\bar{x} = \frac{1}{n}\sum_{i=1}^{n} x_i = \frac{1}{n}(x_1 + x_2 + \cdots + x_n)$$

中央値は，集合の要素を昇順(小さい順)に整列したときの中央位置の要素の値である．要素数が偶数の場合は，2つの中央の数値の平均値を用いる．中央値は，メジアン，*Me* とも呼ばれる．

分散は，一般的に $\sigma^2$ と表記し，平均 $\bar{x}$ を用いて，次式で計算する．

$$\sigma^2 = \frac{1}{n}\sum_{i=1}^{n}(x_i - \bar{x})^2$$

偏差は，分散 $\sigma^2$ の平方根をとったもので，$\sigma$ と表記する．

$$\sigma = \sqrt{\sigma^2}$$

## 3.3 確率変数

ビッグデータは，ある社会の可能な状況を無作為に抽出したデータであると解釈することができる．この解釈のうえで，ビッグデータに統計的手法を適用し，(抽出されていない)社会の状況を推測することが行われる．ここで，「無作為に抽出」するという行為を「無作為な試行」に置き換えて表現したものが確率変数である．そして，この確率変数を用いて，無作為な試行から構成される状況を

数学的に分析する体系が確率論である．確率変数は，統計の表現において必須となる概念である．

確率試行を表現する変数を確率変数といい，$X$, $Y$, …で表記する．試行の結果としてとりうる値が離散値の場合，この試行に対応する確率変数を離散型確率変数という（表3-2）．試行の結果が離散値ではなく実数で連続的に変化する値の場合，対応する確率変数を連続型確率変数という．離散型確率変数としては，コイントスやサイコロ投げなどが考えられる．連続型確率変数としては，無作為抽出した試料の長さ・重さの測定などが考えられる．

離散型確率変数について，具体的な試行の結果が$x$の場合，$X = x$と表記する．また，$X = x$となる確率を$P(X = x)$と表記する．この確率$P(X = x)$が，すべての可能な$x$に対して，ある関数$f$を用いて，

$$f(x) = P(X = x)$$

と記述できるとき，この関数$f$を$x$の確率関数という．また，確率変数$X$は確率関数$f$に従う，と表現する．関数$f$が確率関数ならば，試行の結果としてとりうる値の集合を$S = \{x_1, x_2, \cdots, x_n\}$とすると，

$$\sum_{i=1}^{n} f(x_i) = 1$$

である．$x \in S$の場合は$f(x) = 0$である．

表3-2 離散型確率変数と連続型確率変数

| 確率変数 | 確率変数が表現する試行 | 確率変数が従う関数 |
| --- | --- | --- |
| 離散型確率変数 | 結果が離散値をとりうる試行 | 確率関数 |
| 連続型確率変数 | 結果が連続的に変化する値である試行 | 確率密度関数 |

例えば，コイントスを行う場合，試行の結果は $X=$ 表，$X=$ 裏のいずれか，すなわち，$P(X=$ 表$)=\frac{1}{2}$，$P(X=$ 裏$)=\frac{1}{2}$ であり，確率関数としては $f(x)=\frac{1}{2}$ をとることができる．

連続型確率変数について，具体的な試行の結果がある数値 $a$ 以上で，かつ，ある数値 $b$ 以下であるとき，$a \leqq X \leqq b$ と表記する．また，$a \leqq X \leqq b$ となる確率を $P(a \leqq X \leqq b)$ と表記する．この確率 $P(a \leqq X \leqq b)$ を，ある非負関数 $f$ を用いて，

$$\int_a^b f(x)\,dx = P(a \leqq X \leqq b)$$

と記述できるとき，この関数 $f$ を $X$ の確率密度関数という．また，確率変数 $X$ は確率密度関数 $f$ に従う，と表現する．関数 $f$ が確率密度関数ならば，

$$\int_{-\infty}^{\infty} f(x)\,dx = 1$$

である．

## 3.4 確率試行における期待値と分散

平均と分散は確率試行全体を表現する数値である．直観的には，平均は，試行によりどの結果が出やすいかを表す．分散は，その平均値からの散らばり具合を表す．また，期待値とは，確率を参照し，どの値が出やすいかを数値で表したものである．平均が試行から定まるのに対し，期待値は確率から定まる．

確率試行における期待値と分散は，確率変数の平均と分散として定義される．確率変数 $X$ の平均を $E(X)$，分散を $V(X)$ とそれぞれ表記する．

## 3.4 確率試行における期待値と分散

離散型確率変数を $X$ とし，$X$ の確率関数を $f$ とする．また，$X$ の結果としてとりうる値の集合を $\{x_1, x_2, \cdots, x_n\}$ とし，各要素 $x_i$ はすべて実数とする．このとき，確率変数 $X$ の平均 $E(X)$ を次式で定義する．

$$E(X) = \mu = \frac{1}{n}\sum_{i=1}^{n} x_i f(x_i)$$

また，分散 $V(X)$ を次式で定義する．

$$V(X) = \sigma^2 = \frac{1}{n}\sum_{i=1}^{n}(x_i - \mu)^2 f(x_i)$$

連続型確率変数を $X$ とし，$X$ の確率密度関数を $f$ とする．このとき，確率変数 $X$ の平均 $E(X)$ を次式で定義する．

$$E(X) = \mu = \int_{-\infty}^{\infty} x f(x)\,dx$$

また，分散 $V(X)$ を次式で定義する．

$$V(X) = \sigma^2 = \int_{-\infty}^{\infty}(x - \mu)^2 f(x)\,dx$$

確率変数の平均と分散は次のチェビシェフの不等式で意味付けられる．

**チェビシェフの不等式**：任意の確率変数 $X$ と，任意の正の実数 $\varepsilon$ に対して，次の不等式が成り立つ．

$$P(|X - E(X)| \geq \varepsilon) \leq \frac{V(X)}{\varepsilon^2}$$

同一の確率関数(確率密度関数)に従う独立した確率変数が複数ある場合，これら複数の確率変数については，次の大数の弱法則が成り立つ．

**大数の弱法則**：同一の確率関数(確率密度関数)に従い，共通の平均 $\mu$ をもつ独立した確率変数を $X_1, X_2, \cdots, X_n$ とする．このとき，任意の正の実数 $\varepsilon$ について，

次式が成り立つ.

$$P\left(\left|\frac{1}{n}\sum_{i=1}^{n} x_i - \mu\right| \geq \varepsilon\right) \to 0 \quad (n \to \infty)$$

確率変数が複数ある場合,その確率変数の数が大きくなれば,$\frac{1}{n}\sum_{i=1}^{n} x_i$ の値は,共通の平均 $\mu$ に近づく.

## 3.5 離散型確率変数の確率関数

ここで,離散型確率変数の代表的な確率関数として,一様分布と二項分布,ポアソン分布を紹介する.

### 3.5.1 一様分布

離散型確率変数 $X$ について,試行の結果としてとりうる値の数が $n$ 個のとき,次の確率関数を(離散的な)一様分布という.

$$f(x) = \frac{1}{n}$$

コイントスを1回だけ行う場合は $n = 2$,サイコロ投げを1回だけ行う場合は $n = 6$ である.

### 3.5.2 二項分布

次の式で表される確率関数を二項分布という(図 3-1, 図 3-2).

$$f(x) = \begin{cases} \dfrac{n!}{x!(n-x)!} p^x (1-p)^{n-x} & 0 < x \leq n \\ 0 & それ以外 \end{cases}$$

これは,成功する確率が $p$ の試行を $n$ 回行ったときに,成功する回数が $x$ 回である確率を表現している.二項分布は $B(n, p)$ とも表記する.$B(1, p)$ をとくにベルヌーイ分布と呼ぶ.確率変数 $X$

の確率関数が二項分布 $B(n, p)$ のとき,平均は $E(X) = np$,分散は $V(X) = np(1 - p)$ である.

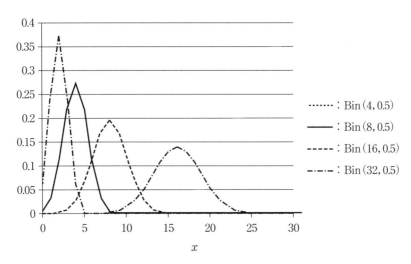

図 3-1　二項分布 $B(n, 0.5)$　($n = 4, 8, 16, 32$)

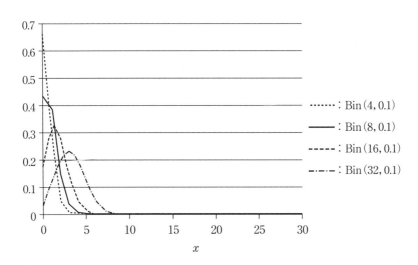

図 3-2　二項分布 $B(n, 0.1)$　($n = 4, 8, 16, 32$)

### 3.5.3 ポアソン分布

次の式で表される確率分布を,ポアソン分布という(図3-3).

$$f(x) = e^{-\lambda}\frac{\lambda^x}{x!}$$

ポアソン分布は二項分布の $np$ を $\lambda$ に置き換えて,$n$ を大きくした場合の近似である.ポアソン分布は $Po(\lambda)$ とも表記する.確率変数 $X$ の確率関数が二項分布 $Po(\lambda)$ のとき,平均は $E(X) = \lambda$,分散も $V(X) = \lambda$ である.

## 3.6 連続型確率変数の確率密度関数

ここで,連続型確率変数の確率密度関数として,連続一様分布と正規分布を紹介する.

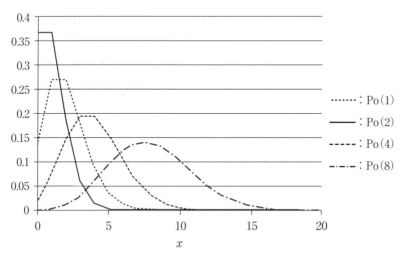

図3-3 ポアソン分布 $Po(\lambda)$ ($\lambda = 1, 2, 4, 8$)

## 3.6.1 連続一様分布

連続型確率変数 $X$ について，試行の結果としてとりうる値の範囲が $a$ 以上 $b$ 以下であるとき，次の式で表される確率密度関数を連続一様分布という．

$$f(x) \begin{cases} (b-a)^{-1} & a < x \leq b \\ 0 & それ以外 \end{cases}$$

確率変数 $X$ の確率密度関数が連続一様分布であるとき，平均は $E(X) = \dfrac{a+b}{2}$，分散は $V(X) = \dfrac{(b-a)^2}{12}$ である．

## 3.6.2 正規分布

次の式で表される確率密度関数を，正規分布という（図 3-4）．

$$f(x) = \frac{1}{\sqrt{2\pi\sigma^2}} \exp\left(-\frac{(x-\mu)^2}{2\sigma^2}\right)$$

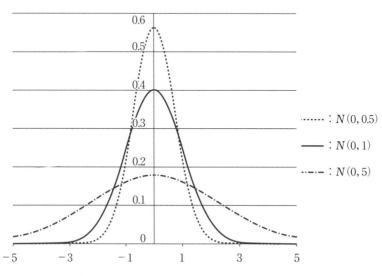

図 3-4 正規分布 $N(0, \sigma^2)$ （$\sigma^2 = 0.5, 1.5$)

正規分布はガウス分布とも呼ばれ，$N(\mu, \sigma^2)$ とも表記する．特に，$N(0, 1)$ を標準正規分布という．確率変数 $X$ の確率密度関数が正規分布 $N(\mu, \sigma^2)$ のとき，平均は $E(X) = \mu$，分散は $V(X) = \sigma^2$ である．

### 3.6.3 中心極限定理と正規分布

試行の結果が連続的に変化する値をとりうる試行を繰り返すことを考える．各試行の平均と分散がわかっている場合，これらの試行の結果の平均は，正規分布で近似できる．

**中心極限定理**：共通の平均 $\mu$ と共通の分散 $\sigma^2$ をもつ独立した連続型確率変数を $X_1, X_2, \cdots, X_n$ とする．このとき，$X = \dfrac{1}{n} \sum_{i=1}^{n} x_i$ は，$X_1, X_2, \cdots, X_n$ に依存する確率変数とであり，$X$ は確率密度関数 $N(\mu, \sigma^2)$ に従う．

## 3.7 統計の目的

### 3.7.1 全数調査と標本調査

調査対象すべての個体について行う調査を，全数調査という．これに対し，調査対象の一部のみを取り出して行う調査研究を，標本調査という．対象となる個体が多い場合には標本調査が行われる．

統計の目的は，標本調査の結果から，調査対象全体についての何らかの情報を得ることである．

ここで，調査対象の個体すべてについて，調査したい属性の値を集めた集合を母集団といい，母集団に属す要素の数を母集団の大きさという．

標本調査を行うために，母集団から，一部の要素を取り出すことを抽出（標本抽出あるいはサンプリング）という．抽出された要素の集合を標本（サンプル）という．標本に属す要素の数を標本の大きさという．

とくに断りのない限り，標本調査では，標本の要素は母集団から無作為に抽出されることを前提とする．また，母集団の大きさは，復元抽出と非復元抽出とで結果が変わらないほど大きいと仮定する．

### 3.7.2 標本抽出と確率変数

母集団から要素を無作為に抽出することは，確率的な試行としてとらえることができる．例えば，母集団のある属性の調査において，この母集団からある要素を抽出したところ，この要素の具体的な値が$x$であったとする．この1回の標本調査は確率変数$x$として表現でき，調査の結果は$X = x$と表現できる．このとき，母集団の要素の属性の分布を母集団分布という．この母集団分布は，確率変数$X$が従う確率関数（確率密度関数）であると解釈できる．

母集団分布は，調査が進むまでは，どのようなものであるか不明であるが，多くの場合には正規分布が仮定される．このように，母集団分布として正規分布を仮定してもよい母集団を，正規母集団という．

母集団全体の特徴を1つの数値で表現する数値を母数という．母数としては，母集団を数値の集合としてとらえた場合の平均や分散，偏差などがある．特に，母集団の平均を母平均，母集団の分散を母分散という．

$i$番の標本抽出を確率変数$X_i$で表現するとき，標本は$\{X_1, X_2, \cdots\}$と表現できる．この標本$\{X_1, X_2, \cdots\}$から，母平均や母分散を求めることを推定といい，推定に使われる値を推定量という．

大きさ $n$ の標本 $\{X_1, X_2, \cdots, X_n\}$ について，$\overline{X} = \dfrac{1}{n}\displaystyle\sum_{i=1}^{n} x_i$ を標本平均という．この $\overline{X}$ も標本ごとに値が変化する確率変数である．標本平均について，次の中心極限定理が成り立つ．

**中心極限定理**：母平均 $\mu$，母分散 $\sigma^2$ の母集団から抽出した標本を $\{X_1, X_2, \cdots, X_n\}$ とする．このとき，この標本の標本平均 $\overline{X}$ が従う確率密度関数は，$n$ が大きければ，正規分布 $N(\mu, \sigma^2)$ で近似できる．

この定理より，標本平均や標本の分散を，母数の推定に利用できる．

## 3.8 推定

標本から母数を予測することを推定という．推定には点推定と区間推定がある．点推定は，母数の推定量を数値で提示する方法である．区間推定は，母数の推定量の範囲として数値の区間を提示する方法である．

### 3.8.1 最尤推定法

最尤推定法は点推定の一つである．確率密度関数がある母数 $\theta$ をパラメータとして $f(x;\theta)$ と表現できるとき，標本の実現値が得られる確率が最大になるように $\theta$ を決定する方法である．このように，最尤推定法では，確率密度関数の関数形を仮定する．

正規母集団から抽出した標本 $\{X_1, X_2, \cdots, X_n\}$ について，確率変数はそれぞれ独立であるとする．標本の要素の実現値を $X_i = x_i$ とする．正規母集団を仮定しているため，確率変数 $X_i$ の確率密度関数は，$\mu$ と $\sigma$ をパラメータとして，次式で表現できる．

$$f(x\,;\,\mu,\,\sigma) = \frac{1}{\sqrt{2\pi\sigma^2}}\exp\left(-\frac{(x-\mu)^2}{2\sigma^2}\right)$$

ここで，例として，標本の実現値 $X_1$, $X_2$, …, $X_n$ から，最尤推定法により $\mu$ を推定する．各確率変数が独立であることから，$n$ 個の実現値が得られる確率 $P$ は，確率密度関数の積で表現できる．

$$P = \prod_{i=1}^{n} f(x_i\,;\,\mu,\,\sigma)$$

確率密度関数が正規分布の場合に限り，この $P$ を最大とする $\mu$ は次式で計算できる．

$$\mu = \frac{1}{n}\sum_{i=1}^{n} x_i$$

ここで用いた $P$ を尤度関数という．最尤推定法は，尤度関数 $P$ を最大にするように，その最尤関数のパラメータである母数を決定する方法である．

### 3.8.2 区間推定

正規母集団について，母平均や母分散のいずれかが既知の場合，あるいは両方とも未知の場合に，母数の推定量を区間で提示する場合に区間推定が利用される．

区間推定は，標本の実現値が起きる確率がある信頼度以上になるように母数を決定する．このとき，90% や 95% という数値が信頼度として用いられる．

### 3.8.3 母分散が既知の場合の母平均の区間推定

母分散 $\sigma^2$ の正規母集団から抽出した標本の標本平均を $\overline{X}$ とする．このとき，信頼度を $a$ とする母平均 $\mu$ の信頼区間は次の範囲となる．

$$\overline{X} - \frac{k\sigma}{\sqrt{n}} \leq \mu \leq \overline{X} + \frac{k\sigma}{\sqrt{n}}$$

ここで，$k$ は標準正規分布の両側 $(1-a)100\%$ の点であり，正規分布表などを参照して値を決定する．

特に，$a$ として 0.95 を用いる場合は，$k = 1.96$ であり（巻末の付表 1 より，$k$ を求める際は，$F(x) = 0.475 = \dfrac{0.95}{2}$ となる $x$ を検索する），信頼区間は

$$\overline{X} - 1.96 \frac{\sigma}{\sqrt{n}} \leq \mu \leq X + 1.96 \frac{\sigma}{\sqrt{n}}$$

となる．

### 3.8.4 母分散が未知の場合の母平均の区間推定

母分散が未知の場合には，$t$ 分布が用いられる．

標本を $\{X_1, X_2, \cdots, X_n\}$ とし，この標本に依存する確率変数を $\overline{X} = \dfrac{1}{n}\sum_{i=1}^{n} X_i$ とする．また，確率変数 $S$ を次式により定義する．

$$S = \sqrt{\frac{1}{n-1} \sum_{i=1}^{n} (X_i - \overline{X})^2}$$

このとき，次の式で表される確率変数 $T$ は，自由度 $n-1$ の $t$ 分布に従う（図 3-5）．

$$T = \frac{\overline{X} - \mu}{\dfrac{S}{\sqrt{n}}}$$

ゆえに，信頼度を $a$ とする母平均 $\mu$ の信頼区間は，次の範囲となる．

$$\overline{X} - \frac{t_{n-1}(1-a)S}{\sqrt{n}} \leq \mu \leq \overline{X} + \frac{t_{n-1}(1-a)S}{\sqrt{n}}$$

ここで，$t_{n-1}(1-a)$ は自由度 $n-1$ の $t$ 分布の両側 $(1-a)100\%$ の点であり，$t$ 分布表（巻末の付表 2）などを参照して値を決定する．

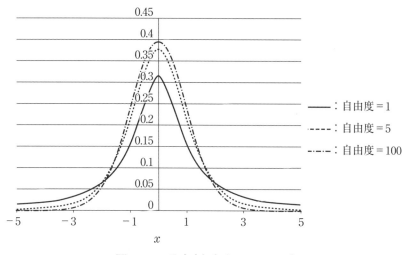

図 3-5 $t$ 分布（自由度 =1, 5, 100）

### 3.8.5 母平均が未知の場合の母分散の区間推定

母分散 $\sigma^2$ の正規母集団から抽出した大きさ $n$ の標本について，確率変数 $\overline{X}$, $S$ を前述のように定義する．このとき，次の式で表される確率変数 $Z$ は，自由度 $n-1$ の $\chi^2$ 分布に従う（図 3-6）．

$$Z = \frac{(n-1)S^2}{\sigma^2}$$

ゆえに，信頼度を $a$ とする母分散 $\sigma^2$ の信頼区間は，次の式で表される範囲となる．

$$\frac{(n-1)S^2}{k_2} \leqq \sigma^2 \leqq \frac{(n-1)S^2}{k_1}$$

ここで，$k_1$ は自由度 $n-1$ の $\chi^2$ 分布の下側 $\dfrac{1-a}{2}100\%$ の点であり，$k_2$ は上側 $\dfrac{1-a}{2}100\%$ の点である．これらの値は，$\chi^2$ 分布表な

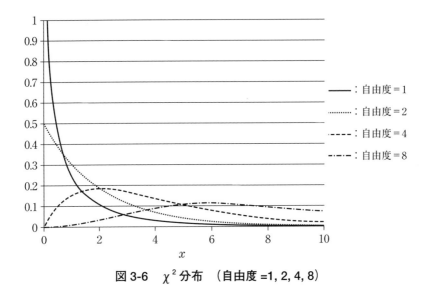

図3-6 $\chi^2$分布 （自由度=1, 2, 4, 8）

どを参照して決定する．

### 3.8.6 母比率の区間推定

母集団の要素のうち，特定の属性をもつ要素の比率を母比率という．

$$母比率 = \frac{特定の属性をもつ要素の数}{母集団の大きさ}$$

同様に，標本の要素のうち，特定の属性をもつ要素の比率を標本比率という．

標本比率を $R$ とするとき，信頼度を $a$ とする母比率 $r$ の信頼区間は次の範囲となる．

$$R - k\sqrt{\frac{R(1-R)}{n}} \leqq r \leqq R + k\sqrt{\frac{R(1-R)}{n}}$$

ここで，$k$ は標準正規分布の両側 $(1-a)100\%$ の点であり，正規

分布表(巻末の付表1)などを参照して値を決定する．

## 3.9 検定

母数に対する命題の正しさの検証は，検定という手続きを通して行われる．

検定では，まず，帰無仮説 $H_0$，対立仮説 $H_1$ の2つの仮説を用意する．一般に，母数に対する命題が間違っていると主張する仮説を帰無仮説，命題が正しいと主張する仮説を対立仮説として設定する．

そして，帰無仮説が正しい場合に標本の実現値が得られる確率が有意水準よりも低いことを示すことにより，対立仮説の正しさを主張するという方針をとる．有意水準としては，1%や5%のような数値が用いられる．

帰無仮説が正しい場合に，標本の実現値が得られる確率が有意水準よりも低くなる実現値の範囲を棄却域という．標本の実現値が棄却域にある場合に，帰無仮説が棄却され，対立仮説が採択される．

一方，標本の実現値が棄却域にない場合には，帰無仮説が受容される．

### 3.9.1 検定における誤り

検定では，たまたま得られた標本をもとに母数に対する命題の正しさを判断する．そのため，検定の結果(帰無仮説の棄却／採択)には誤りがある可能性がある．

ここで，帰無仮説が正しいにもかかわらず棄却してしまう誤りを第1種の過誤(第1種の誤り)と呼ぶ．先に述べた有意水準が，この第1種の過誤の確率である．

一方，対立仮説が正しい場合に帰無仮説を採択してしまう誤りを

第2種の過誤（第2種の誤り）と呼ぶ．

### 3.9.2 母分散が既知の場合の母平均の検定

母分散 $\sigma^2$ の正規母集団から標本 $\{X_1, X_2, \cdots, X_n\}$ を抽出し，「母平均は $\mu$ ではない」という命題を有意水準 $\alpha$ で検定する．このとき，次の手続きにより検定が行われる．

① 帰無仮説と対立仮説を設定する
  (ア) 帰無仮説 $H_0$：母平均は $\mu$ である
  (イ) 対立仮説 $H_1$：母平均は $\mu$ ではない
② 帰無仮説が正しいと仮定した場合の母平均の確率密度分布を決定する
  (ア) 帰無仮説が正しい場合には，標本平均 $\overline{X}$ は，平均 $\mu$，分散 $\dfrac{\sigma^2}{n}$ の正規分布に従う
③ 標本平均 $\overline{X}$ の実現値 $\overline{x}$ の棄却域を求める
  棄却域については，対立仮説のおき方により，次の3通りの設定が可能である．
  (ア) $x \leq$ 正規分布の左側の両側 $100\alpha\%$
    正規分布の右側の両側 $100\alpha\% \leq \overline{x}$
  (イ) 正規分布の上側 $100\alpha\% \leq \overline{x}$
  (ウ) $x \leq$ 正規分布の下側 $100\alpha\%$
④ $\overline{x}$ が棄却域にあるかどうかを調べる

### 3.9.3 母分散が未知の場合の母平均の検定

母分散が未知の正規母集団から標本 $\{X_1, X_2, \cdots, X_n\}$ を抽出し，「母平均は $\mu$ ではない」という命題を有意水準 $\alpha$ で検定する．このとき，次の手続きにより検定が行われる．

① 帰無仮説と対立仮説を設定する

(ア)　帰無仮説 $H_0$：母平均は $\mu$ である
　(イ)　対立仮説 $H_1$：母平均は $\mu$ ではない
② 帰無仮説が正しいと仮定した場合の母平均の確率密度分布を決定する

　帰無仮説が正しい場合には，確率変数 $T$ は，自由度 $n-1$ の $t$ 分布に従う．

$$T = \frac{\overline{X} - \mu}{\frac{S}{\sqrt{n}}}$$

ここで，$\overline{X}$ は標本平均，$S$ は次式である．

$$S = \sqrt{\frac{1}{n-1} \sum_{i=1}^{n} (x_i - \overline{X})^2}$$

③ 確率変数 $T$ の実現値 $\overline{u}$ の棄却域を求める

　棄却域については，対立仮説のおき方により，次の3通りの設定が可能である．
　(ア)　$\overline{u} \leq t$ 分布の左側の両側 $100\alpha\%$ 点，
　　　　$t$ 分布の右側の両側 $100\alpha\%$ 点 $\leq \overline{u}$
　(イ)　$t$ 分布の上側 $100\alpha\%$ 点 $\leq \overline{u}$
　(ウ)　$\overline{u} \leq t$ 分布の下側 $100\alpha\%$ 点

④ $\overline{u}$ が棄却域にあるかどうかを調べる

### 3.9.4 母比率の検定

標本数が十分に大きい場合の標本抽出について，標本数が $n$，標本比率 $R$ の場合，「母比率は $r$ ではない」という命題を有意水準 $\alpha$ で検定する．このとき，次の手続きにより検定が行われる．

① 帰無仮説と対立仮説を設定する
　(ア)　帰無仮説 $H_0$：母比率は $r$ である
　(イ)　対立仮説 $H_1$：母比率は $r$ ではない

② 帰無仮説が正しいと仮定した場合の，個体数の確率密度分布を決定する
  (ア) 帰無仮説が正しい場合には，個体数 $u$ は，平均値 $nr$, 分散 $nr(1-r)$ の正規分布に従う
③ $\overline{u}$ の棄却域を求める
  棄却域については，対立仮説の取り方により，次の3通りの設定が可能である．
  (ア) $u \leq$ 正規分布の左側の両側 $100\alpha\%$ 点，
      正規分布の右側の両側 $100\alpha\%$ 点 $\leq u$
  (イ) 正規分布の上側 $100\alpha\%$ 点 $\leq u$
  (ウ) $u \leq$ 正規分布の下側 $100\alpha\%$ 点
④ $u$ が棄却域にあるかどうかを調べる

## 3.10 回帰分析

ビッグデータを見ると，データのある因子が別の因子と何らかの相関があると予想される場合がある．例えば，その年の平均気温と晴天日数は，ある地域の米の収量と関係があると予想される．このような場合に，因子の間の関係をある関数で表現できると想定し，その関数を決める手続きが回帰分析である．ここでは，ある1種類の因子と別の因子が線形の関係にあると想定される場合の回帰分析について述べる．

多変量データについて，ある変量が別の変量を説明すると仮定し，標本からこれら変量の関係を推定する問題を考える．

母集団の各要素の値が $(x, y)$ という2項組の2変量データとする．標本の実現値は $\{(x_1, y_1), (x_2, y_2), \cdots, (x_n, y_n)\}$ とする．ここで，ある関数 $f$ により，$x$ を決めると $y$ の値が決まるという関係を仮定する．このとき，$x$ を説明変量，$y$ を目的変量，$f$ を回帰方程式と

いう．回帰方程式として線形関数，

$$f(x) = ax + b$$

を仮定し，この関数のパラメータ $a$ と $b$ を決定することを線形単回帰分析という．

ここで，標本の各実現値 $x_i$, $y_i$ とパラメータ $a$, $b$ を，次のように行列とベクトルに配列する．

$$\mathbf{A} = \begin{bmatrix} x_1 & 1 \\ \vdots & \vdots \\ x_n & 1 \end{bmatrix}, \quad \mathbf{w} = \begin{bmatrix} a \\ b \end{bmatrix}, \quad \mathbf{y} = \begin{bmatrix} y_1 \\ \vdots \\ y_n \end{bmatrix}$$

このとき，次の連立方程式を解くことにより，パラメータ $a$, $b$ を算出できる．

$$\mathbf{A}^t \mathbf{A} \mathbf{w} = \mathbf{A}^t \mathbf{y}$$

## 3.11　マルコフ連鎖

来年の人口増加数は，今年の人口に依存すると考えられる．今日が晴れなら，明日も晴れる確率が高いと考えられる．このような，次に起こる未来の状態が今の状態に依存する状況を分析するときに用いられるモデルが，マルコフ連鎖である．

ここでは，ある状態から確率的に状態が遷移する試行を，続けて何度も行う過程を考える．このような一連の試行を離散確率過程と呼ぶ．離散確率過程では，とくに，試行を続けたときに最終的にどのような状態に落ち着くのかを分析する．

状態の集合を，$\{s_1, s_1, \cdots, s_n\}$ とする．1回目の試行を行う前の状態（初期状態）を表現する確率変数を $X_t$ とする．$t$ 回目の試行の結果の状態を表現する確率変数を $X_r$ とする．$t$ 回目の試行が終わった後の状態が $s_i$，その状態で $(t+1)$ 回目の試行を行った結果が $s_j$ となる確率を $P(X_{t+1} = s_j \mid X_t = s_i)$ と表現する．これを状態 $i$ から状態 $j$ への遷移確率という．

とくに，$P(X_{t+1}=s_j \mid X_t = s_i) = a_{ij}$ と表現できる（遷移確率が試行回数 $t$ に依存しない定数である）とき，この一連の試行を（単純）マルコフ連鎖と呼ぶ．そして，マルコフ連鎖の遷移確率 $a_{ij}$ を第 $i$ 行第 $j$ 列に配列した行列 M を遷移行列と呼ぶ．

$$M = \begin{bmatrix} a_{11} & \cdots & a_{1n} \\ \vdots & \ddots & \vdots \\ a_{n1} & \cdots & a_{nn} \end{bmatrix}$$

$t$ 回目の試行の後に状態 $s_i$ となっている確率を $u_i^t$ とし，$u_i^t$ を第 $i$ 列目に配列した横ベクトル $\mathbf{u}^t = [u_1^t, u_2^t, \cdots, u_n^t]$ を状態ベクトルという．この遷移行列と状態ベクトルを用いると，$(t+1)$ 回目の試行の後の状態は，

$$\mathbf{u}^t M = \mathbf{u}^{t+1}$$

と表現できる．

遷移確率が未知の場合には，適切な確率を仮定すること，あるいはベイズ統計を応用し決定する．

## 3.12　ベイズ統計

推測統計では，利用できる標本データをすべて使って母数を推定する．しかし，ビッグデータの操作が可能となった実際の社会では，次々に新しいデータがやってくる．そのため，コンピュータの性能が向上しても，一度にすべてのデータを加工していては，処理が追いつかない場合がある．あるいは，競合者との競争のため，すべてのデータを手にする前に結果が必要になる場合がある．ベイズ統計は，このような状況下で，データがやってくるたびに推定値を更新するというオンライン処理に利用できる．

条件付き確率を $P(A \mid B)$ で表現する．これは，$B$ が起きたときに $A$ が起きる確率である．

ベイズ統計では，次のベイズの定理が基本となる．

## 3.12 ベイズ統計

$$\text{ベイズの定理}: P(A \mid B) = \frac{P(B \mid A)P(A)}{P(B)}$$

ベイズ統計では，このベイズの定理を次のように解釈する．定理の $P(A)$ を仮説や条件が成立する確率，$P(B)$ をデータが得られる確率，$P(A \mid B)$ を条件や仮説の下でデータが得られる確率，$P(A \mid B)$ をデータが得られたときに仮説や条件が正しかった確率とする．

このことを強調するために，$A$ を $H$(Hypothesis)，$B$ を $D$(Data) と置き換え，次のように表現する．

$$\text{ベイズの定理}: P(H \mid D) = \frac{P(D \mid H)P(H)}{P(D)}$$

特に，$P(H)$ を事前確率，$P(D \mid H)$ を尤度，$P(H \mid D)$ を事後確率と呼ぶことがある．この視点では，ベイズの定理は，仮説が成り立つときにデータが得られる確率と，データが得られた後にその仮説の正しさの関係を定量的に表現している．

ベイズ統計の特徴は，事前確率を人間が適当に決める点，データが得られる前と後という順序関係を前提としている点，データが得られるたびに事後確率を更新していく点の3つである．

### 3.12.1 ベイズ推定

母集団のある未知の母数を $\theta$ とし，標本からこの母数を推定する問題を考える．ここで母数が $\theta$ である確率を $P(\theta)$ とする．母数 $\theta$ をパラメータとする確率密度関数を $f(x \mid \theta)$ とする．ある標本の要素の実現値 $x$ が得られた後で，母数が $\theta$ である確率は次のように更新される．

$$P(\theta \mid x) = kf(x \mid \theta)P(\theta)$$

ここで，$k$ はベイズの定理の右辺の分母，$f(x \mid \theta)$ は尤度，$P(\theta)$ は事前確率である．

## 3.12.2 事前確率の選択

ベイズ推定では，推定を行う者が適切に事前確率を設定する．ここでは，理由不十分の原則を紹介し，頻度による事前確率の設定，$m$ 確率による設定，自然共役分布を紹介する．

**(1) 理由不十分の原則**

ベイズ統計では，事前確率を設定し，この事前確率に尤度を掛けることにより事後確率を算出する．尤度については，パラメータに依存する確率関数や確率密度関数が仮定される．一方，事前確率については，どのような関数を設定すればよいかわからない場合が多い．そこで，十分な情報がない場合には，すべての可能な実現値が等確率で出現するという理由不十分の原則が採用される．

離散型確率変数の場合，可能な結果が $k$ 種類の場合には，確率変数が従う確率関数を，

$$f(x) = \frac{1}{k}$$

と設定する．連続型確率変数の場合には，確率密度関数を

$$f(x) = 1$$

と設定する．

**(2) 頻度による事前確率の設定**

離散型確率変数の事前確率について，ある程度試行が行われている場合には，頻度に基づき事前確率の設定を行う場合がある．仮に，$n$ 回試行を行い，$x$ という結果が発生した試行が $r$ 回だったとする．このとき，

$$f(x) = \frac{r}{k}$$

により，事前確率を設定する．

## (3) $m$ 確率

事前確率として，理由不十分の原則と頻度による確率の両方を考慮した，次のような確率の選択が行われる場合もある．

試行の結果として，$k$ 種類の値が可能であり，実際に $n$ 回試行した結果，ある $x$ が実現された試行の回数が $r$ 回だったとする．このとき，

$$f(x) = \frac{n}{n+m}\frac{r}{n} + \frac{m}{n+m}\frac{1}{k}$$

により，事前確率を設定する．$m$ は適当な正の整数である．$n \gg m$ の場合に頻度による確率と一致する．特に，$m = k$ の場合には，

$$f(x) = \frac{r+1}{n+k}$$

となる．

## (4) 自然共役事前分布

尤度 $f(x \mid \theta)$ が $\theta$ の関数として与えられているとき，計算の便宜を優先して，事後確率を計算しやすいような $\theta$ の関数を，事前確率として設定することがある．この考え方によって事前確率に設定される関数を自然共役事前分布と呼ぶ．尤度と自然共役事前分布の組合せとしては，表 3-3 のようなものがある．

**表 3-3 尤度と自然共役事前分布**

| 尤度 $f(x \mid \theta)$ | 自然共役事前分布 $P(\theta)$ |
| --- | --- |
| 正規分布（$\theta$ は平均） | 正規分布 |
| 二項分布（$\theta$ は確率 $p$） | ベータ分布 |
| ポアソン分布（$\theta$ は $\lambda$） | ガンマ分布 |

## 3.13 モデル選択

### 3.13.1 統計とモデル

　一般に，複雑なシステムの分析や説明を行う際に，重要な部分のみを取り出し，他を捨象して簡単化し表現したものをモデルという．

　統計では，母集団分布がモデルに相当する．特に正規母集団では母平均と母分散のみをパラメータとする指数関数によりモデルが表現された．線形単回帰分析では，パラメータ $a$, $b$ で表現される線形関数がモデルであった．

　推定や検定では，モデルとして母集団分布があらかじめ仮定されていたが，実際にはモデルを作成しなくてはならない場合がある．

　ここで，複数のパラメータ $\theta = (\theta_1, \theta_2, \cdots, \theta_n)$ から構成されるモデル $P(x \mid \theta)$ を作成することを考える．このモデルを点推定に用いる場合には，標本の実現値 $\{x_1, \cdots, x_n\}$ が発生する確率が最大となる $\theta$ を最尤推定法により提示する．

　最尤推定法では，たまたま得られる限られた標本のみを用いてパラメータを決定する．そのため，手元にある標本の実現値のみにはよくマッチするが，母集団のその他のデータには当てはまらないということが起こりうる．そのため，次の規準 AIC を用いて，モデルの評価を行う場合がある．

$$\text{AIC} = -2(最大対数尤度) + 2d$$

ここで，最大対数尤度は，最尤推定法で得られたパラメータを $\overline{\theta}$ としたとき，次式で計算される．

$$最大対数尤度 = \sum_{i=1}^{n} \log(f(x_i \mid \overline{\theta}))$$

また，$d$ はパラメータの数である．この AIC は赤池情報量規準

と呼ばれ，値が小さいほどよいモデルである，と判断される．

モデルのよさを表現する規準は他にも多数存在し，例えば，次のBIC（Bayesian Information Criterion：ベイズ情報量規準）もよく利用される．

$$\mathrm{BIC} = -2(最大対数尤度) + d\log(n)$$

### 3.13.2 モデル選択と機械学習

統計の目的は，母数を推定することにより，標本から母集団の特徴を把握することであった．ここで，標本を特殊な事例の集合，母集団を，より一般的な集合と解釈することにより，推定を学習としてとらえることができる．つまり，統計処理とは，標本という特殊な事例について成り立つ知識から，母集団という一般的な世界で成り立つ抽象的な知識を導出する手続きである，という見方である．このような側面から機械的に知識を抽象化していく手続きを機械学習，あるいは単に学習という．

機械学習の側面を強調する場合には，標本を訓練集合と呼ぶ．また，学習の結果得られるモデルを仮説と呼ぶ．また，作成した仮説の妥当性を検証するために，テスト集合を用意することもある．

# 第4章

# ビッグデータ解析に用いられる統計学の例題

第4章 ビッグデータ解析に用いられる統計学の例題

本章では，6つの統計学の手法，「期待値」，「二項分布とポアソン分布」，「$t$検定」，「比率の検定」，「マルコフ連鎖」，「ベイズの定理」を用いて日常的な問題を解決している．これらの手法は，サービスサイエンス型資本主義が支配する非日常なビジネスの世界では，データ数が指数関数的に増大し，膨大なものとなる．ビッグデータを統計学の観点から解析する手法の理解を進めるために，少ないデータ数の日常的問題を例題として紹介している．手法の用い方・考え方はデータ量の多寡を問わず共通である．本章の例題を通してビッグデータの扱い方を学んでほしい．

## 4.1 期待値の例題

本節では，統計学について最も基礎的な考えである期待値を，具体的数値例を用いて解説する．期待値の，確率変数を用いた定式化は，第3章3.4節「確率試行における期待値と分散」を参照のこと．

1回の試行で，ある事象の起こる確率が$P$のとき，$n$回の独立試行でこの事象の起こる回数は，$n$が十分大きければ，$n \times P$に近くなることは予想できる．例えば，サイコロを1,000回振り，偶数の目の出る回数は $1{,}000 \text{回} \times \dfrac{1}{2} = 500$ 回となる．同じ試行で，6の目の出る回数はおよそ $1{,}000 \text{回} \times \dfrac{1}{6} \fallingdotseq 167$ 回となる．

この考え方を宝くじに当てはめてみよう．総数100本のくじの中に，**表4-1**に示されるような当たりくじがある．このくじを1本引く人は，平均いくらの賞金を受け取ることができるであろうか？

表 4-1　くじの賞金額と本数

| 100 本につき | | |
|---|---|---|
| 1 等 | 1 万円 | 1 本 |
| 2 等 | 500 円 | 10 本 |
| 3 等 | 50 円 | 30 本 |

この場合，1等から3等までの賞金の総額は，表4-1より，

$$10{,}000 \times 1 + 500 \times 10 + 50 \times 30 = 16{,}500 \text{ 円}$$

となる．これを宝くじの総数100本で割れば，賞金の平均の金額が得られる．すなわち，

$$10{,}000 \times \frac{1}{100} + 500 \times \frac{10}{100} + 50 \times \frac{30}{100} = 165 \text{ 円}$$

となる．この賞金の平均額165円が，くじ1本について期待される賞金と考えられる．

ここで，上記の式の左辺の $\frac{1}{100}$, $\frac{10}{100}$, $\frac{30}{100}$ は，それぞれ1等，2等，3等の当たる確率である．

一般に，ある量 $X$ は必ず，$x_1, x_2, \cdots, x_n$ のいずれか1つだけの値をとり，それらの値をとる確率がそれぞれ $P_1, P_2, \cdots, P_n$ であるとき，

$$x_1 P_1 + x_2 P_2 + \cdots + x_n P_n$$

を，その量 $X$ の期待値という．特に $X$ が金額であるときには，それを期待金額ともいう．

例えば，先ほどの例では，くじを1本引く人の期待値（期待金額）は165円である．

この期待値の考え方は，保険事業の基本原理として一般に利用されている．すなわち，保険会社は，種々の統計によって得られる確率に基づいて，保険金額の期待金額である純保険料を計算し，それ

に会社の経営費，利益などを加えて，営業保険料を算定している．

例えば，1年間における家屋の焼失率を0.1%とすると，契約期限1年の火災保険金1,000万円に対する純保険料を求めると次のようになる．

$$1,000\text{万円} \times \frac{0.1}{100} = 1\text{万円}$$

つまり，純保険料は1万円となる．

また，次のような場合は，どうであろうか？ 1軒の家が1年間に失火する確率は，$\frac{1}{10,000}$で，隣家が焼けたとき類焼する確率は，$\frac{1}{10}$であるとする．期限1年間で100万円の火災保険を契約する場合，3軒並んで建っている家について，中央の家と端の家では，どんな割合で保険料を支払うことが妥当であるか．期待値の考え方を使って考えてみよう．

まず，中央の家について考えてみよう．自分の家が失火する確率は$\frac{1}{10,000}$であり，隣家が焼けたとき類焼してしまう確率は$\frac{1}{100,000}$ $\left(=\frac{1}{10,000} \times \frac{1}{10}\right)$である．隣家は左右に1軒ずつ2軒あるので，失火の確率は合計で，$\frac{1}{10,000} + \frac{1}{100,000}$となる．したがって，中央の家の純保険料は，

$$100\text{万円} \times \left(\frac{1}{10,000} + \frac{2}{100,000}\right) = 120\text{円}$$

となる．

一方，端の家について考えてみよう．自分の家が失火する確率

は，$\frac{1}{1,000}$ であり，隣家(中央の家)が焼けたとき類焼してしまう確率は，$\frac{2}{100,000}$ であり，2 軒隣の家(反対側の家)が焼けたとき類焼してしまう確率は，$\frac{1}{1,000,000}\left(=\frac{1}{100,000}\times\frac{1}{10}\right)$ である．したがって，失火の確率は，全部で，$\frac{1}{10,000}+\frac{1}{100,000}+\frac{1}{1,000,000}$ となる．ゆえに，端の家の純保険料は，

$$1,000,000 \times \left(\frac{1}{10,000}+\frac{1}{100,000}+\frac{1}{1,000,000}\right) = 111 \text{ 円}$$

となる．

　以上が，保険における期待値の説明であるが，この考え方は，ギャンブルにも適用できる．宝くじも一種のギャンブルであるが，ここではルーレットについて簡単に触れておく．

　ルーレットの文字盤には，0 から 36 までの 37 個の数字から，でたらめに数が出るように工夫されている．また，0 を除いて，数字の半分は赤で，あとの半分は黒に分けられ，この赤と黒もでたらめに出てくる．

　でたらめということは，どの数字も，どの色も，正確に同じ割合で出るということである．かけ方は，数字だけではなく，色，偶数・奇数，大・中・小など種々あるが，ここでは数字に注目する．

　例えば，ある数字に賭けると，賭け金の 35 倍と元金(合計 36 倍)が取れるという．もし，あるプレーヤーが 1 ドルを 37 個の数字(0 から 36 まで)すべての上に置いたとすると，いくら戻ってくるであろうか？

　この場合，37 ドル使って，36 ドル戻ってくる(賭けた数字の 1 つは当たるのだから)．したがって，期待値は以下のようになる．

$$36 \times \frac{1}{37} \fallingdotseq 0.973 \text{ ドル}$$

すなわち，この場合1ドル，賭け金の2.7%損をすることになる．ただし，これはヨーロッパのモンテカルロで使用されている文字盤である．

一方，米国式（例えば，ラスベガスなど）の文字盤は，0のほかに00が入っているので，モンテカルロ式よりも期待値はさらに悪くなる．米国式での期待値を計算すると，次のようになる．

$$36 \times \frac{1}{38} \fallingdotseq 0.947 \text{ ドル}$$

すなわち，この場合は，2ドル（賭け金の5.3%）は損をするのである．

## 4.2 二項分布とポアソン分布の例題

本節では，第3章3.5節「離散型確率変数の確率関数」で紹介した，二項分布とポアソン分布の2つの確率関数について，その具体的な適用事例を解説する．

国道Y号線，K町とN町を結ぶ約20キロメートルの区間は，交通事故の頻発地帯として有名である．しかも，その大半が死亡事故なのだ．その原因については，交通量が多すぎるからだ，いや，制限速度がゆるすぎるからだ，などと諸説ふんぷんだが，地元の人たちは，かつて事故で死んだ人のたたりに違いないと信じている．ともあれ，ドライバーたちは，「魔のポアソン道路」と呼んで恐れているのである．

さて，過去の統計から，この魔のポアソン道路では，1日に平均3件の事故が起こっていることがわかっている．歩道橋の横断幕ご

とに,「ここは,地獄の一丁目,1日に3人が死亡!」,「まだ早い,3人連れの冥途旅」といった,少々悪乗り気味の警句が大書されている.もちろん,1日に3件の事故が必ず起こるというわけではないが,警察としては,「1日平均3件」というせっかくの統計結果をフルに活用したいのであろう.

折しも深夜零時少し前,車の屋根にサーフボードを乗せた若いカップルが,フルスピードでこの道路区間に差しかかった.以下,ふたりの会話である.

「明子,このへんじゃ,1日に3回事故が起こるんだよ.でも,『本日ただ今,事故ゼロ』って出ていたから,今日はもう大丈夫だな.あと10分もすりゃ明日になるし,そのころには,魔の道路ともオサラバだよ」

「なに言ってんのよ,健一.今日まだ事故がないってことは,これから起こる可能性がすごく大きいってことじゃないの.あと10分だって油断できないわ.そもそも1日に平均で,3回事故が起こるわけでしょ.ということは,1日に2回事故が起こる確率は,3回起こる確率の$\frac{2}{3}$で,1回起こる確率はその$\frac{1}{3}$,そして1回も起こらない確率はゼロよね.えっ,ゼロ.じゃ,絶対に起こるってことじゃない.健一,たいへんよ,スピードを落として!」

と,恐怖にかられた明子が健一の腕にしがみついたのが運命の分かれ道.一瞬ハンドルをとられたクルマは,センターラインに切れ込み,これもフルスピードでやってきた大型ダンプの真正面に!

あわや大惨事というところで,健一のすばやい反射神経でハンドルを切り,歩道に乗り上げてなんとか停車.幸い歩行者もなかった.しかし,明子は恐怖のあまり気絶してしまったのだ.

さて問題は,明子嬢が事故の直前に言った言葉である.彼女のいうとおり,1日に2件事故が起こる確率は,3件起こる確率の

# 第4章 ビッグデータ解析に用いられる統計学の例題

$\frac{2}{3}$で，1件の場合の$\frac{1}{3}$，そして1件も起こらない場合確率がゼロなのだろうか．

明子嬢は，やはり正常な判断力を失っていたのである．魔のポアソン道路をさまよう亡霊の怨念にとりつかれていたのだ．1日に事故が3件というのは，あくまでも平均の回数である．だとしたら，5件起こる日もあれば，1件も起こらない日もあるはずである．そもそも確率などという言葉を思いついたのがいけない．たまたま，事故のない運のいい日にめぐり合わせたのだ，と気楽にかまえていれば，案外，危ない目にあわずにすんだかもしれない．

そもそも，確率とはいったい何なのだろうか．日常生活でもよく耳にする言葉だが，どこまで正確な言葉で使っているかとなると，これがはなはだ心もとない．例えば，サイコロを1回振ったとき，ある特定の目が出る確率は$\frac{1}{6}$である．では，逆に，サイコロを6回振ったとき，ある目が1回出る確率はどうだろうか？

正解をすぐ答えられる人は，ある程度数学方面に心得があるに違いない．うっかりすると，「$\frac{1}{6} \times 6 = 1$」などとやりかねない．確率1とは，すなわち確率100%であり，「6回振れば，必ずその目が1回は出る」という意味である．ところが実際は，そんなバカなことはない．6回はおろか，10回，20回，いや100回，1,000回振ろうと，その目が1度も出ないことだって，理論的にはありうるのだ．実は，サイコロを6回振って，ある目が1回出る確率は，実に40%強である．そして，1回も出ない確率は，約35%となる．図4-1(A)のグラフにおいて出た目の回数1，0における確率Pを見れば一目瞭然である．

さて，本論に戻る．交通量が十分に多く，事故が無秩序(ランダ

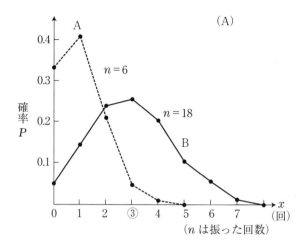

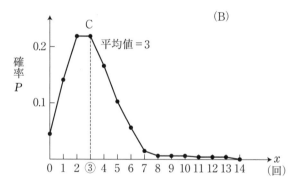

**図 4-1 二項分布とポアソン分布**

ム)に起こりうるような道路区間では,事故回数ごとの確率は,「ポアソン分布」に従うと考えられる.この道路のように,1日の平均事故回数が「3」の場合のポアソン分布は,図 4-1(B)のグラフ C に示したとおりである.

グラフ C によれば,1日に,事故が3回起こる確率 $P(3)$ は,0.224 となる.ところが,事故が2回起こる確率 $P(2)$ もやはり 0.224 であり,3回起こる確率とまったく同じである.つまり,平

第 4 章　ビッグデータ解析に用いられる統計学の例題

均値である 3 回の場合が最も起こりやすいとは限らないのである．
　次に，1 日に事故が 1 回起こる確率 $P(1)$ は 0.149 で，$P(3)$ の約 $\frac{2}{3}$ であり，やはり，$\frac{1}{3}$ にならない．さらに，1 日に 1 回も事故が起こらない確率 $P(0)$ は，約 0.05 で，これもゼロにはならない．明子嬢の推測は，ことごとく間違っていたのである．
　ところで，この「ポアソン分布」なるものについて，少々説明を加えよう．前にも触れたが，サイコロを 6 回振ったとき，ある目が $X$ 回出る確率は，図 4-1(A) の A のようになった．また，サイコロを 1 回振ったときのある目の出る確率は $\frac{1}{6}$ であるから，6 回振ったときの平均出現回数(確率ではない，念のため)は $6 \times \frac{1}{6} = 1$ 回となる．
　一方，図 4-1(A) の B は，サイコロを 18 回振ったときに，ある目が $X$ 回出る確率を示したグラフである．この場合，ある目が出る平均回数は，18 ÷ 6 = 3 だから，3 回となる．A，B のような分布を二項分布というが，問題にあるポアソン分布(平均出現回数 3)C は，サイコロを 18 回振ったときの平均出現回数である 3 回を一定にしたままで，サイコロを無限回(十分に何回も)振ったときの状態を示しているのである．サイコロをいくら振っても平均回数である 3 回は変わらないのだから，当然，ある目の出る確率は無限に小さくなっていく．すなわち，サイコロの出目の回数が十分多くなる (1,000 回や 10,000 回) ので，ある特定の目の出方が，十分小さくなることを意味している．
　また，「サイコロを十分に何回も振る」ということが，「車の交通量が常に十分に多い」ことに対応しているのはいうまでもなかろう．要するに，「ポアソン分布」とは，「二項分布」の極限状態を表

しているのである．次に，これら二項分布とポアソン分布の数学的説明を付け加えておこう．

### 4.2.1 二項分布

サイコロを投げて偶数の目の出る回数を数えてみる．このとき，ある事象 $E$（この場合偶数の目が出ること）の結果は，他の事象の結果に影響はない．さらに，ある事象 $E$ の生起する確率は一定である．このような場合，サイコロを投げるという行為を $n$ 回繰り返したとき，ある事象 $E$ の生起する回数の分布を二項分布という．

この実験において，ある事象 $E$ の起こる確率を $p$，起こらない確率を $q(=1-p)$ とする．さて，$n$ 回の試行で，事象 $E$ が $x$ 回起こる確率は

$$f(x) = {}_nC_x p_x q^{n-x} \quad (x = 0, 1, 2, \cdots, n)$$

となる．なお，この $f(x)$ の平均値は，$np$ となる．

### 4.2.2 ポアソン分布

4.2.1 項で説明した二項分布において，平均値 $np$ を一定値 $\lambda$ として，$n$ を大きくすると $\left(p = \dfrac{\mu}{x}\right.$ は当然小さくなる）, ポアソン分布に近づくのである．このポアソン分布は，

$$f(x) = e^{-\mu} \frac{\lambda^x}{x!} \quad (x = 0, 1, 2, \cdots, n)$$

となる．なお，この $f(X)$ の平均値は，当然 $\lambda$ である．

## 4.3 平均値の検定（正規検定と $t$ 検定）の例題

本節では，第 3 章 3.9.2 項「母分散が既知の場合の母平均の検定」と第 3 章 3.9.3 項「母分散が未知の場合の母平均の検定」で紹介し

た検定手法について，具体的数値例を用いて解説する．

ある年に，全国の大学生対象に英語の全国一斉共通テストが行われた．その結果，全国の平均点は68.5点，標準偏差は4.0点であることがわかった．

ところで，ある地域にあるA大学の平均点は，66.0点であった．このデータより，このA大学の平均点は，全国の平均点と同じであるといえるであろうか？ ただし，このA大学の人数は80人であるとする．

この検定の場合，母分散(全国のテストの点の分散，すなわち標準偏差の2乗)がわかっているのが特徴である．

問題を解く前に，仮説検定の中の平均値の検定について説明する．まず，仮説の検定とは，母集団に対してある予想を立て，標本を調べることにより，この予想の正否を判断する手法である．以下，仮説検定に用いる用語について順を追って説明する．

① 仮説

仮説は，ふつう疑わしいと思われるものをとって，その正否を判定するためのものだが，これを帰無仮説という．

② 仮説の検定

仮説の正否を判定することをいう．

③ 仮説の棄却

検定の結果，仮説をしりぞけることをいう

④ 仮説の採択

検定の結果，仮説を棄却することのできないことをいう

⑤ 第1種の過誤

仮説が正しいのに，これを棄却する誤りを犯すことをいう．

⑥ 第2種の過誤

仮説が正しくないのに，これを採択する誤りを犯すことをい

う．

⑦ 有意水準

有意差の有無を判定する基準としての危険率をいう．

⑧ 対立仮説

1つの帰無仮説に対して，別の仮説を考えて，これと比較して帰無仮説を判定する場合，この別の仮説を対立仮説という．

さて，正規母集団において，平均値 $\mu = \mu^*$ という仮説を立ててみる．そこで，大きさ $n$ の標本をとり，標本平均 $\overline{x}$ を計算する．標本平均の分布は，正規分布 $N\left(\mu^*, \dfrac{\sigma^3}{n}\right)$ だから，

$$u = \frac{\overline{x} - \mu^*}{\dfrac{\sigma}{\sqrt{n}}}$$

とすると，

$$|u| \geq 1.96$$

となる確率は，5%である．よって，$u$ の値が棄却域に入るときは，有意水準5%で，仮説 $\mu = \mu^*$ を棄却する（**図 4-2**）．このとき，棄却域は $u = 0$ の両側にあり，この検定法を両側検定という．

次に，実際の平均値の検定法について説明する．1つが，本問の例にある「母分散があらかじめわかっている場合の平均値の検定」であり，2つ目が，次問の例にある「母分散がわかっていない場合の平均値の検査」である．

ところで，本問の例にある「母分散があらかじめわかっている場合の平均値の検定」は以下の手順となる．

正規母集団 $N(\mu, \sigma^2)$ で考える．

① 母平均 $\mu = \mu^*$ という仮説を設定する．

② 大きさ $n$ の標本をとり，標本平均 $\overline{x}$ を計算する．

第4章　ビッグデータ解析に用いられる統計学の例題

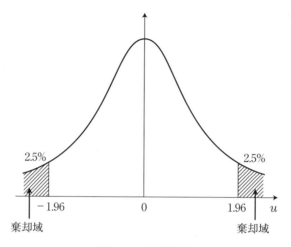

図 4-2　両側検定

$$\bar{x} = \frac{x_1 + x_2 + \cdots + x_n}{n}$$

$$= \frac{1}{n} \sum_{i=1}^{n} x_i$$

③　$\mu^*$, $\bar{x}$ より $u$ を計算する.

$$u = \frac{\bar{x} - \mu^*}{\frac{\sigma}{\sqrt{n}}}$$

④　$|u| \geq 1.96$ であれば，有意水準 5% で，仮説を棄却する（両側検定）．

そこで，以上の手順に従って，本例を計算してみよう．

まず，テストの点の母集団は，正規母集団 $N(68.5, 4.0^2)$ である．

①　最初に，母平均（$\mu$）に関して，

$$\mu = \mu^*(68.5)$$

という仮説を立てる．

② 標本の大きさは 80 で,標本平均 ($\bar{x}$) は

$$\bar{x} = 66.0$$

である.

③ $\mu^* = 68.5$, $\bar{x} = 66.0$

であるから,

$$u = \frac{66.0 - 68.5}{\frac{4}{\sqrt{80}}} = -5.59$$

となる.したがって,

$$|u| = 5.59 > 1.96$$

となるから,有意水準 5% で,仮説「この地域のある A 大学の平均点は,68.5 点であるといえる」を棄却することができる.つまり,この地域の A 大学の学生の平均点は,全国平均と異なるのである.

一方,母分散が未知の場合の検定($t$ 検定)について説明する.今,日本の経済は,過去に例を見ないほどの深刻なダメージを受けている.不良債権はどんどん増え,金融危機に陥っている.個人の金融資産は 1600 兆円もあり,金持ち国日本であることには,変わりはない.

しかし,この金融資産が動かないことに問題がある.企業は,不良債権を抱え,設備投資に金が回らない.個人は,住宅ローンをかかえ,消費に回らない.多くのまじめな企業や個人は,せっせとまじめに借金を返している.これを経済用語では「合成の誤謬(ごびゅう)」というが,日本経済は,まさに「合成の誤謬」に陥っている.これが,日本経済の実態なのである.

ところで,ある地方銀行 B が抱えている不良債権は,39.6 億円,38.1 億円,37.9 億円,38.3 億円,40.5 億円であった.このことから,この銀行の不良債権額は,全国平均と同じであるといのであろう

## 第4章　ビッグデータ解析に用いられる統計学の例題

か？　ただし，全国の銀行の不良債権は1行当たり，39.5億円であることがわかっている．

本問は「母分散があらかじめわかっていない場合の平均値の検定($t$検定)」により，分析することができる．

内容は，以下の手順となる．

① 母平均 $\mu = \mu^*$ という仮説を設定する

② 大きさ $n$ の標本をとり，標本平均 $\bar{x}$ と標本分散 $S^2$ を計算する

$$\bar{x} = \frac{1}{n}\sum_{i=1}^{n} x_i$$

$$S^2 = \frac{1}{n}\sum_{i=1}^{n} (x_i - \bar{x})^2$$

③ $\mu^*$, $\bar{x}$, $S^2$ より $u$ を計算する

$$u = \frac{\bar{x} - \mu^*}{\frac{S}{\sqrt{n-1}}}$$

④ $t$ 分布表(巻末の付表2)より，

$$t_{n-1}(0.05)$$

を求め，

$$|u| \geq t_{n-1}(0.05)$$

であれば，有意水準5%で，仮説を棄却する(両側検定)

そこで，以下の手順に従って，本例を計算してみよう．

① 母平均 $\mu = \mu^*$(39.5億円)という仮説を設定する

② 大きさ5の標本より，標本平均 $\bar{x}$ と標本分散 $S^2$ を計算する

$$\bar{x} = \frac{39.6 + 38.1 + 37.9 + 38.3 + 40.5}{5} = 38.88$$

$$S^2 = \frac{(0.72)^2 + (-0.78)^2 + (-0.98)^2 + (-0.58)^2 + (-1.62)^2}{5}$$

$$= 1.0096$$

$$S = \sqrt{1.0096} = 1.0048$$

③ $\mu^*, \bar{x}, S, n$ を次の式に代入すると,以下のようになる

$$u = \frac{\bar{x} - \mu^*}{\dfrac{S}{\sqrt{n-1}}}$$

$$= \frac{38.88 - 39.5}{\dfrac{1.0048}{\sqrt{4}}}$$

$$= -1.2341$$

④ 一方,自由度$(5-1)$の$t$分布は,$t$分布表(巻末の付表2)より,$t_4(0.05) = 2.776$

となる.したがって,

$$|u| = 1.2341 < 2.776 = t_4(0.05)$$

となる

つまり,5%の有意水準で検定すれば,「地方銀行Bの平均不良債権額は,全国の銀行の平均不良債権額と同じである」といえる.

## 4.4　比率の検定の例題

本節では,第3章3.9.4項「母比率の検定」で紹介した検定手法を,具体的数値例を用いて解説する.

二人の男が1対1でサイコロの勝負をすることになった.しきたりどおり,勝負に使うサイコロをあらためようとしたのだが,ふたりとも新米で,見たり触ったりしただけでは,サイコロに異常があるかどうか,さっぱりわからない.そこで,サイコロを何回も投げ

て，特定の目ばかり出はしないか，チェックしてみることにしたのである．原始的だが，確実な方法だろう．

その結果，180回投げて，1の目が38回出た．サイコロは6面だから，180回投げたとき，1の目が出る平均回数は30回(180 ÷ 6 = 30)である．そこで，一人がこういった．

「このサイコロはおかしい．1の目が平均よりも8回も多く出るなんて，何か仕掛けがあるのではないか．サイコロを替えてくれ」

「よくあることさ．8回多く出たってちっとも不思議じゃない．そのサイコロは正常だよ．サイコロを替えるなんて，ツキが落ちるから，おれはいやだね」

サイコロを替えるか替えないかで，結局この勝負はお流れになってしまったが，あなたはどちらの言い分が正しいと思うだろうか？

180回のうち，38回同じ目が出たこのサイコロは，果たして，規格品として信用できるだろうか？

たとえ正常なサイコロであっても，180回振って180回すべて同じ目が出ることは，少なくとも理論的にはありうる．しかし，実際問題として，180回振って，同じ目が80回も100回も出たら，誰でもそのサイコロはおかしいと思うだろう．欠陥商品か，その道のプロが作った可能性が大である．

ともあれ，サイコロが正確に作られているかどうかは，重大な問題である．では，平均値からの誤差がどのくらいであれば，そのサイコロを正常と見なせるだろうか？

さて，このような問題で，平均値(振った回数の$\frac{1}{6}$，すなわち30回)との隔たりがどのくらいまでなら正常かという問題は，「比率の検定」という手法を使って計算する．

この手法のフローチャートは，図4-3に示すとおりである．すなわち，次の4ステップから成り立つ．

① 母比率 $r = r^*$ という仮説を設定する．この場合は，

$$r = \frac{1}{6}$$

となる

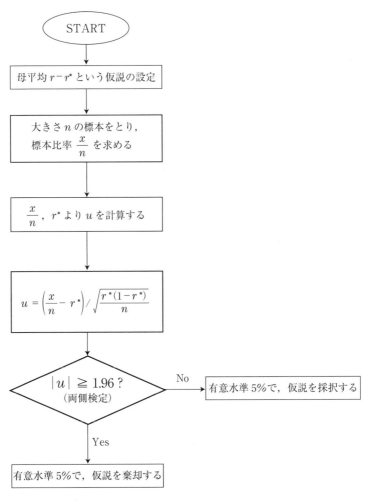

図 4-3　比率の検定のフローチャート

② 大きさ $n$ の標本をとり，標本比率 $\dfrac{x}{n}$ を求める．この場合は，

$$\dfrac{x}{n} = \dfrac{38}{180} = \dfrac{19}{90} = 0.211$$

となる

③ $\dfrac{x}{n}$, $r^*$ より $u$ を計算する．この場合は，

$$u = \left(\dfrac{x}{n} - r^*\right) \Big/ \sqrt{\dfrac{r^*(1-r^*)}{n}} = \left(\dfrac{19}{90} - \dfrac{1}{6}\right) \Big/ \sqrt{\dfrac{\dfrac{1}{6} \times \dfrac{5}{6}}{180}}$$

$$= 1.199$$

となる

④ $|u| \geqq 1.96$ なら，有意水準 5% で仮説を棄却する（両側検定）．この例の場合，

$$|u| = 1.199 < 1.96$$

となり，このサイコロは正常といえる

以上でおわかりのように，1の目が 38 回出た問題のサイコロは，正常と考えて差し支えなかったのである．そして，その信頼度は，95% である．また，この条件では，最大 39 回，最小 21 回までは正常と判断してよいのである．また，振る回数を倍にして，360 回にした場合は，平均回数は 60 回，誤差はプラス，マイナス 13 回までが正常と見なされるのである（最大 73 回，最小が 47 回）．

ところで，このような（サイコロの目のような）分布は，正規分布に従っていると考えて差し支えはない．また，信頼区間も，95% と考えて問題はない．

また，このようなサイコロの不良品の判定に使った手法は，さまざまな商品の不良品検定に使うことができる．

さて，本節での結論をまとめると以下のようになる．

「このような問題を解決するためのツールに，比率の検定という手法がある．この手法で本問を分析した結果，サイコロに細工がないことがわかった．180回中38回1の目が出ることは，細工がないサイコロでも十分起こりうる，ということである．」

昨今，いろいろな分野で，偽造品や偽装問題が発覚し，そのたびに，当該会社のトップが記者会見で頭を下げるシーンをテレビなどで目にすることが多い．これは，経営戦略上，あるいは，広報戦略上，極めてまずいことである．すなわち，「危機管理(クライシスマネジメント)」の成否が，会社の将来を決定するのである．

このように，「危機管理」にとって，「統計的手法」は，非常に「重要」な「ツール」になるのである．

## 4.5　マルコフ連鎖の例題

本節では，第3章3.11節「マルコフ連鎖」で紹介した確率遷移モデルについて解説し，状態遷移の具体的な数値例を用いて示す．

新興国を象徴するのが，移民の問題である．とりわけ，A共和国と，その隣国B王国は，ここ数年打ち続く経済成長のおかげで，移民が続発している．より高収入を求めて，A共和国とB王国の間で人々が行き交うのである．

A共和国のどこそこでIT企業が立ち上がり高収入な社員募集がされる，といったうわさが流れるや，B王国から何千という移民がドッと押し寄せる．ところが，聞くと見るとは大違い，そこでは，このIT企業の倒産といううわさが飛び交うや，今度はA共和国からB王国へ，前に倍する移民が移動してくる．こんな具合だから，両国の国境では，職員と移民のいざこざが絶えず，そのたびに大騒ぎになっているのである．

第4章　ビッグデータ解析に用いられる統計学の例題

そこで，両国は1つの協定を結んだ．すなわち，両国の移民は，両国の間を自由に出入りできるものとする，としたのである．両国にとっては，いまや，人口が少々増えようと減ろうと，その国情が変わるわけではなく，それならいっそ，国境など取っ払ってしまえ，と思ったのであろう．本当は，周辺の別の国へ行ってほしいのだが，これら比較的豊かな国々は，頑として国境を閉ざし，両国の移民を受け入れないのである．国家エゴイズムというやつだ．

さて，現在の時点で，A共和国の人口は100万人，B王国は10万人としよう．そして，1カ月ごとに，A共和国から，その人口の1%がB王国に流入し，B王国からはその人口の4%に当たる移民がA共和国に移動するものとする．

このような人口移動状況が，今後長く続いた場合，両国の人口は，それぞれどのくらいに落ち着くのだろうか．Aの$\frac{1}{10}$しかないBの人口は，やがてゼロになってしまうのだろうか．なお，出生，死亡などの条件はこの際考えないものとし，かつ，両国以外の国とは人口の移動はないものとする．

A共和国とB王国の相互的な人口推移は，図4-4に示したようになる．1カ月目では，A共和国からB王国へは100万人の1%である1万人が移り，B王国からA共和国へは10万人の4%である4,000人が流入する．その結果を差し引きすると，Aの人口は99万4,000人，Bの人口は10万6,000人となる．

同様に，2カ月目には，A共和国から99万4,000人の1%，すなわち9,940人がB王国へ出ていき，かわりにB王国からは10万6,000人の4%，つまり4,240人がやってくる．差し引き，A共和国の人口は98万8,300人，B王国は，11万1,700人となる．

これを繰り返すと，いったいどういうことになるか．結果だけを示すと次のようになる．最後には，A共和国の人口は，88万人，B

4.5 マルコフ連鎖の例題

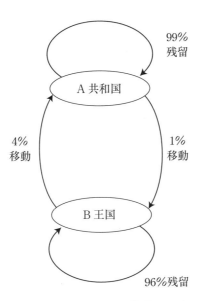

図 4-4 人口の移動

王国の人口は 22 万人となる．つまり，4 対 1 の比率になったところで，あとはまったく変化しないのである．88 万人の 1% は 8,800 人，22 万人の 4% も 8,800 人であるから，8,800 人がお互いに出たり入ったりするだけで，絶対数は変わらないというわけだ．

　ここでおもしろいのは，この最終的な人口比率は，両国の最初の人口とまったく関係がない，ということである．すなわち，最初の人口が，前とは反対に A 共和国が 10 万人で，B 王国が 100 万人であったとしても，総人口が 110 万人であれば，やはり，A が 88 万人，B が 22 万人になる．

　さらに，両国のもとの人口が，1 億対 1 億であっても，1 億対 1,000 でも，人口移動の率が 1% 対 4% である限り，A 対 B の最終的人口比は，4 対 1 に落ち着くのである（総人口が変われば，実数も変わってくるのは当然だが，その比率は変わらないということである）．すなわち，「両国の最終的人口比は，もとの人口に無関係に，

## 第 4 章　ビッグデータ解析に用いられる統計学の例題

人口移動率の逆数となる」．例えば，A 国から B 国へ 5%，B 国から A 国へ 12% 移動する場合，A 国と B 国の最終的人口比は，12 対 5 となる．なんとも不思議な現象ではないか．

　このような現象はマルコフ連鎖の問題である．ところがこの例のように，全体の人口が一定の枠内での人口移動現象は，正規マルコフ連鎖と呼ばれている．これによると，最初の初期状態，すなわち，A 共和国，B 王国の最初の人口数に無関係に，ある一定比率 $u(u_1, u_2)$ に近づくことがわかっている．

　すなわち，

$$\mathbf{u} \times M = \mathbf{u}$$

が成り立つのである．本例における $M$ は，図 4-4 より

$$M = \begin{array}{c} A \\ B \end{array} \begin{bmatrix} 0.99 & 0.01 \\ 0.04 & 0.96 \end{bmatrix} \begin{array}{c} A \quad B \end{array}$$

となる．したがって次式が成り立つ．

$$(u_1, u_2) = \begin{array}{c} A \\ B \end{array} \begin{bmatrix} 0.99 & 0.01 \\ 0.04 & 0.96 \end{bmatrix} = (u_1, u_2)$$

つまり，

$$0.99 u_1 + 0.04 u_2 = u_1$$
$$0.01 u_1 + 0.96 u_2 = u_2$$

となる．さらに，

$$u_1 + u_2 = 1 \quad (両国の人口比率の合計は 1 である)$$

より，

$$u_1 = \frac{4}{5}, \quad u_2 = \frac{1}{5}$$

となる．

　したがって，A 共和国と B 王国の人口比は，最初の人口に関係

なく4対1となり，本節ですでに説明した結論と同一である．

ところで，最近手に入れた「極秘情報」をお教えしよう．さる調査機関が，さる人の依頼で，ここ数年間，全国的な規模で綿密にリサーチした結果得られた信用できるデータである．というのは，AパソコンファンからBパソコンファンに転向する人が，少しずつ増えているというのである．具体的には，毎年，Aパソコンファンの4%がBパソコンファンになっているのだ．もちろん，中にはへそ曲がりもいて，逆に，BパソコンファンからAパソコンファンにくらがえする人も1%いるという．

現在，Aパソコンのシェアは，Bパソコンのシェアの2倍あるという．この数字は，10倍，100倍でもかまわない．BパソコンからAパソコンへの消費者の移動は，1対4なのである．そう，我々には「正規マルコフ連鎖」という強力な手法を知っているのである．いずれ，Bパソコンのシェアと，Aパソコンのシェアの比率は，4対1に逆転するのである．このように，販売戦略には，「マルコフ連鎖」とくに，「正規マルコフ連鎖」が，非常に強力なツールになるといえる．

## 4.6 ベイズの定理の例題

本節では，第3章3.12節「ベイズ統計」の基礎であるベイズの定理について具体的な数値例を用いて解説する．

ある国の州知事は，自らの信任を試すため，20年ぶりに州投票で知事選挙を行うことにした．この州知事の父親が州再建の父として長く君臨し，彼は2代目として，その職を受け継いだのである．

ところが，最近，現知事に対する批判がマスコミから起こったため，彼は選挙という形で，州投票によって身の潔白を仰いだのであ

# 第 4 章　ビッグデータ解析に用いられる統計学の例題

る.

　そこで，この州の大手新聞社は，この選挙に対する世論調査を行った．その結果，現職知事に対する反応は次の 3 種類に分かれることが判明した.

$H_1$：「知事支持」層

$H_2$：「反知事」層．実はかくれ「知事支持」層

　　　表面上は，「反知事」層として知事の政策に反対を表明しているが，実際は，知事の政策を支持しているそうである．

$H_3$：無関心層

　そして，「知事支持」層の 60％ が，知事に一票を投じ，「反知事」層，すなわち，かくれ「知事支持」層の 70％ が，知事に一票を投じ（この率が，「知事支持」層の率よりも大きいところに，この選挙のおもしろ味がある），残りの無関心層は 30％ が，知事に一票を投じることがわかった．

　さて，ある人が「知事」に一票を投じたとする．このとき，この人が，先ほどの分類（$H_1$, $H_2$, $H_3$）のどの層（グループ）に属しているか，その確率を計算するにはどのようにすればよいのか？

　ただし，この州全体の中で，$H_1$ グループに属する人は 50％ を占め，$H_2$ グループに属する人は 20％ を占め，$H_3$ グループに属する人は 30％ を占めるものとする．

　さて，この州の選挙有権者の数が，1,000 人と仮定する．すると，いったい，何人が「現職知事」に一票を投じるのであろうか？

　まず「知事支持」層は全体の 50％ 存在するから，500 人いることになる．その中で 60％ が「知事」に投票するから，

$$500 \times 0.6 = 300 (票)$$

入ることになる．

　次に，「かくれ知事支持」の数は，200 人いるから，

$$200 \times 0.7 = 140 (票)$$

入ることになる．

最後に，無関心層は，300人いるから，

$$300 \times 0.3 = 90 (票)$$

入ることになる．

結局，この「知事」は，1000人中530人(53%)の信任を得ることになる．

ところで，ある人がこの州知事に一票を投じたとする．すると，この人が各グループの人である確率は，それぞれ，

$$P_{H_1} = \frac{300 (H_1 \text{グループの中で知事に投票した人数})}{530 (\text{知事に投票した人数})}$$

$$= 0.566$$

$$P_{H_2} = \frac{140 (H_2 \text{グループの中で知事に投票した人数})}{530}$$

$$= 0.264$$

$$P_{H_3} = \frac{90 (H_3 \text{グループの中で知事に投票した人数})}{530}$$

$$= 0.170$$

となる．

このような計算過程は，確率におけるベイズの定理により明らかになる．すなわち，ベイズの定理とは次のような内容である．

ある事柄$D$(現知事に投票する)が，$k$個の原因$H_1$，$H_2$，…，$H_k$ (この場合は$K$が3とする．したがって，$H_1$：知事支持層，$H_2$：反知事層，すなわちかくれ知事支持層，$H_3$：無関心層となる)のいずれかから起こるものとし，各原因$H_i$の起こる確率を$P(H_i)$，$H$が起こったとき，その原因で$D$が起こる確率$P(H_i|D)$は，次のように表される．

$$P(H_i|D) = \frac{P(H_i)P(D|H_i)}{P(H_1)P(D|H_1) + P(H_2)P(D|H_2) + \cdots + P(H_k)P(D|H_k)}$$

第4章 ビッグデータ解析に用いられる統計学の例題

本例は $H_1$, $H_2$, $H_3$ の場合であるから，前式はそれぞれ次のようになる．

$$P(H_1|D) = \frac{P(H_1)P(D|H_1)}{P(H_1)P(D|H_1) + P(H_2)P(D|H_2) + P(H_3)P(D|H_3)}$$

$$P(H_2|D) = \frac{P(H_2)P(D|H_2)}{P(H_1)P(D|H_1) + P(H_2)P(D|H_2) + P(H_3)P(D|H_3)}$$

$$P(H_3|D) = \frac{P(H_3)P(D|H_3)}{P(H_1)P(D|H_1) + P(H_2)P(D|H_2) + P(H_3)P(D|H_3)}$$

これらの式に，本例，すなわち知事選挙のデータを入れると，$P_{H_1}$, $P_{H_2}$, $P_{H_3}$ はそれぞれ次のようになる．

$$P_{H_1} = \frac{0.5 \times 0.6}{0.5 \times 0.6 + 0.2 \times 0.7 + 0.3 \times 0.3} = 0.566$$

$$P_{H_2} = \frac{0.2 \times 0.7}{0.5 \times 0.6 + 0.2 \times 0.7 + 0.3 \times 0.3} = 0.264$$

$$P_{H_3} = \frac{0.3 \times 0.3}{0.5 \times 0.6 + 0.2 \times 0.7 + 0.3 \times 0.3} = 0.170$$

すなわち，ある人が「現職知事」に一票を投じたとき，この人が，先ほどの分類（$H_1$, $H_2$, $H_3$）のどの層（グループ）に属しているか，その確率を計算すれば，

　知事支持層は，56.6%

　かくれ知事支持層は，26.4%

　無関心層は，17.0%

となるのである．

# 付　表

付表1　正規分布表（標準）
付表2　$t$ 分布表
付表3　$\chi^2$ 分布表

## 付表1 正規分布表（標準）

$N(0, 1)$

$$F(x) = \int_0^x f(x)\,dx = \frac{1}{\sqrt{2\pi}} \int_0^x e^{-\frac{x^2}{2}}\,dx$$

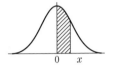

| x | .00 | .01 | .02 | .03 | .04 | .05 | .06 | .07 | .08 | .09 |
|---|---|---|---|---|---|---|---|---|---|---|
| 0.0 | .0000 | .0040 | .0080 | .0120 | .0160 | .0199 | .0239 | .0279 | .0319 | .0359 |
| 0.1 | .0398 | .0438 | .0478 | .0517 | .0557 | .0596 | .0636 | .0675 | .0714 | .0753 |
| 0.2 | .0793 | .0832 | .0871 | .0910 | .0948 | .0987 | .1026 | .1064 | .1103 | .1141 |
| 0.3 | .1179 | .1217 | .1255 | .1293 | .1331 | .1368 | .1406 | .1443 | .1480 | .1517 |
| 0.4 | .1554 | .1591 | .1628 | .1664 | .1700 | .1736 | .1772 | .1808 | .1844 | .1879 |
| 0.5 | .1915 | .1950 | .1985 | .2019 | .2054 | .2088 | .2123 | .2157 | .2190 | .2224 |
| 0.6 | .2257 | .2291 | .2324 | .2357 | .2389 | .2422 | .2454 | .2486 | .2517 | .2549 |
| 0.7 | .2580 | .2611 | .2642 | .2673 | .2704 | .2734 | .2764 | .2794 | .2823 | .2852 |
| 0.8 | .2881 | .2910 | .2939 | .2967 | .2995 | .3023 | .3051 | .3078 | .3106 | .3133 |
| 0.9 | .3159 | .3186 | .3212 | .3238 | .3264 | .3289 | .3315 | .3340 | .3365 | .3389 |
| 1.0 | .3413 | .3438 | .3461 | .3485 | .3508 | .3531 | .3554 | .3577 | .3599 | .3621 |
| 1.1 | .3643 | .3665 | .3686 | .3708 | .3729 | .3749 | .3770 | .3790 | .3810 | .3830 |
| 1.2 | .3849 | .3869 | .3888 | .3907 | .3925 | .3944 | .3962 | .3980 | .3997 | .4015 |
| 1.3 | .4032 | .4049 | .4066 | .4082 | .4099 | .4115 | .4131 | .4147 | .4162 | .4177 |
| 1.4 | .4192 | .4207 | .4222 | .4236 | .4251 | .4265 | .4279 | .4292 | .4306 | .4319 |
| 1.5 | .4332 | .4345 | .4357 | .4370 | .4382 | .4394 | .4406 | .4418 | .4429 | .4441 |
| 1.6 | .4452 | .4463 | .4474 | .4484 | .4495 | .4505 | .4515 | .4525 | .4535 | .4545 |
| 1.7 | .4554 | .4564 | .4573 | .4582 | .4591 | .4599 | .4608 | .4616 | .4625 | .4633 |
| 1.8 | .4641 | .4649 | .4656 | .4664 | .4671 | .4678 | .4686 | .4693 | .4699 | .4706 |
| 1.9 | .4713 | .4719 | .4726 | .4732 | .4738 | .4744 | .4750 | .4756 | .4761 | .4767 |
| 2.0 | .4772 | .4778 | .4783 | .4788 | .4793 | .4798 | .4803 | .4808 | .4812 | .4817 |
| 2.1 | .4821 | .4826 | .4830 | .4834 | .4838 | .4842 | .4846 | .4850 | .4854 | .4857 |
| 2.2 | .4861 | .4864 | .4868 | .4871 | .4875 | .4878 | .4881 | .4884 | .4887 | .4890 |
| 2.3 | .4893 | .4896 | .4898 | .4901 | .4904 | .4906 | .4909 | .4911 | .4913 | .4916 |
| 2.4 | .4918 | .4920 | .4922 | .4925 | .4927 | .4929 | .4931 | .4932 | .4934 | .4936 |
| 2.5 | .4938 | .4940 | .4941 | .4943 | .4945 | .4946 | .4948 | .4949 | .4951 | .4952 |
| 2.6 | .49534 | .49547 | .49560 | .49573 | .49585 | .49597 | .49609 | .49621 | .49632 | .49643 |
| 2.7 | .49653 | .49664 | .49674 | .49683 | .49693 | .49702 | .49711 | .49720 | .49728 | .49736 |
| 2.8 | .49744 | .49752 | .49760 | .49767 | .49774 | .49781 | .49788 | .49795 | .49801 | .49807 |
| 2.9 | .49813 | .49819 | .49825 | .49831 | .49836 | .49841 | .49846 | .49851 | .49856 | .49360 |
| 3.0 | .49865 | .49869 | .49874 | .49878 | .49882 | .49886 | .49889 | .49893 | .49897 | .49900 |

## 付表 2 t 分布表

$P\{|t| \geqq t_0\} \to t_0$

| P\n | 0.50 | 0.25 | 0.10 | 0.05 | 0.025 | 0.02 | 0.01 | 0.005 |
|---|---|---|---|---|---|---|---|---|
| 1 | 1.000 | 2.414 | 6.314 | 12.706 | 25.452 | 31.821 | 63.657 | 127.32 |
| 2 | 0.816 | 1.604 | 2.920 | 4.303 | 6.205 | 6.965 | 9.925 | 14.089 |
| 3 | 0.765 | 1.423 | 2.353 | 3.182 | 4.177 | 4.541 | 5.841 | 7.453 |
| 4 | 0.741 | 1.344 | 2.132 | 2.776 | 3.495 | 3.474 | 4.604 | 5.598 |
| 5 | 0.727 | 1.301 | 2.015 | 2.571 | 3.163 | 3.365 | 4.032 | 4.773 |
| 6 | 0.718 | 1.273 | 1.943 | 2.447 | 2.969 | 3.143 | 3.707 | 4.317 |
| 7 | 0.711 | 1.254 | 1.895 | 2.365 | 2.841 | 2.998 | 3.499 | 4.029 |
| 8 | 0.706 | 1.240 | 1.860 | 2.306 | 2.752 | 2.896 | 3.355 | 3.833 |
| 9 | 0.703 | 1.230 | 1.833 | 2.262 | 2.685 | 2.821 | 3.250 | 3.690 |
| 10 | 0.700 | 1.221 | 1.812 | 2.228 | 2.634 | 2.764 | 3.169 | 3.581 |
| 11 | 0.697 | 1.215 | 1.796 | 2.201 | 2.593 | 2.718 | 3.106 | 3.497 |
| 12 | 0.695 | 1.209 | 1.782 | 2.179 | 2.560 | 2.681 | 3.055 | 3.428 |
| 13 | 0.694 | 1.204 | 1.771 | 2.160 | 2.533 | 2.650 | 3.012 | 3.373 |
| 14 | 0.692 | 1.200 | 1.761 | 2.145 | 2.510 | 2.624 | 2.977 | 3.326 |
| 15 | 0.691 | 1.197 | 1.753 | 2.131 | 2.490 | 2.602 | 2.947 | 3.286 |
| 16 | 0.690 | 1.194 | 1.746 | 2.120 | 2.473 | 2.583 | 2.921 | 3.252 |
| 17 | 0.689 | 1.191 | 1.740 | 2.110 | 2.458 | 2.567 | 2.898 | 3.223 |
| 18 | 0.688 | 1.189 | 1.734 | 2.101 | 2.445 | 2.552 | 2.878 | 3.197 |
| 19 | 0.688 | 1.187 | 1.729 | 2.093 | 2.433 | 2.539 | 2.861 | 3.174 |
| 20 | 0.687 | 1.185 | 1.725 | 2.086 | 2.423 | 2.528 | 2.845 | 3.153 |
| 21 | 0.686 | 1.183 | 1.721 | 2.080 | 2.414 | 2.518 | 2.831 | 3.135 |
| 22 | 0.686 | 1.182 | 1.717 | 2.074 | 2.406 | 2.508 | 2.819 | 3.119 |
| 23 | 0.685 | 1.180 | 1.714 | 2.069 | 2.398 | 2.500 | 2.807 | 3.104 |
| 24 | 0.685 | 1.179 | 1.711 | 2.064 | 2.391 | 2.492 | 2.797 | 3.091 |
| 25 | 0.684 | 1.178 | 1.708 | 2.060 | 2.385 | 2.485 | 2.787 | 3.078 |
| 26 | 0.684 | 1.177 | 1.706 | 2.056 | 2.379 | 2.479 | 2.779 | 3.067 |
| 27 | 0.684 | 1.176 | 1.703 | 2.052 | 2.373 | 2.473 | 2.771 | 3.057 |
| 28 | 0.683 | 1.175 | 1.701 | 2.048 | 2.369 | 2.467 | 2.763 | 3.047 |
| 29 | 0.683 | 1.174 | 1.699 | 2.045 | 2.364 | 2.462 | 2.756 | 3.038 |
| 30 | 0.683 | 1.173 | 1.697 | 2.042 | 2.360 | 2.457 | 2.750 | 3.030 |
| 40 | 0.681 | 1.167 | 1.684 | 2.021 | 2.329 | 2.423 | 2.704 | 2.971 |
| 60 | 0.679 | 1.162 | 1.671 | 2.000 | 2.299 | 2.390 | 2.660 | 2.915 |
| 120 | 0.677 | 1.156 | 1.658 | 1.980 | 2.270 | 2.358 | 2.617 | 2.860 |
| ∞ | 0.674 | 1.150 | 1.645 | 1.960 | 2.241 | 2.326 | 2.576 | 2.807 |

付 表

## 付表3  $\chi^2$ 分布表

$$P\{\chi^2 \geqq \chi_0^2\} \to \chi_0^2$$

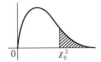

| P\n | .99 | .98 | .975 | .95 | .90 | .80 | .70 | .50 | .30 | .20 | .10 | .05 | .025 | .02 | .01 | .001 |
|---|---|---|---|---|---|---|---|---|---|---|---|---|---|---|---|---|
| 1 | .00157 | .00628 | .00982 | .00393 | .0158 | .0642 | .148 | .455 | 1.074 | 1.642 | 2.706 | 3.841 | 5.024 | 5.412 | 6.635 | 10.83 |
| 2 | .0201 | .0404 | .0506 | .103 | .211 | .446 | .713 | 1.386 | 2.408 | 3.219 | 4.605 | 5.991 | 7.378 | 7.824 | 9.210 | 13.82 |
| 3 | .115 | .185 | .216 | .352 | .584 | 1.005 | 1.424 | 2.366 | 3.665 | 4.642 | 6.251 | 7.815 | 9.348 | 9.837 | 11.34 | 16.27 |
| 4 | .297 | .429 | .484 | .711 | 1.064 | 1.649 | 2.195 | 3.357 | 4.878 | 5.989 | 7.779 | 9.488 | 11.14 | 11.67 | 13.28 | 18.47 |
| 5 | .554 | .752 | .831 | 1.145 | 1.610 | 2.343 | 3.000 | 4.351 | 6.064 | 7.289 | 9.236 | 11.07 | 12.83 | 13.39 | 15.09 | 20.52 |
| 6 | .872 | 1.134 | 1.237 | 1.635 | 2.204 | 3.070 | 3.828 | 5.348 | 7.231 | 8.558 | 10.65 | 12.59 | 14.45 | 15.03 | 16.81 | 22.46 |
| 7 | 1.239 | 1.564 | 1.690 | 2.167 | 2.833 | 3.822 | 4.671 | 6.346 | 8.383 | 9.803 | 12.02 | 14.07 | 16.01 | 16.62 | 18.48 | 24.32 |
| 8 | 1.646 | 2.032 | 2.180 | 2.733 | 3.490 | 4.594 | 5.527 | 7.344 | 9.524 | 11.03 | 13.36 | 15.51 | 17.53 | 18.17 | 20.09 | 26.13 |
| 9 | 2.088 | 2.532 | 2.700 | 3.325 | 4.168 | 5.380 | 6.393 | 8.343 | 10.66 | 12.24 | 14.68 | 16.92 | 19.02 | 19.68 | 21.67 | 27.88 |
| 10 | 2.558 | 3.059 | 3.247 | 3.940 | 4.865 | 6.179 | 7.267 | 9.342 | 11.78 | 13.44 | 15.99 | 18.31 | 20.48 | 21.16 | 23.21 | 29.59 |
| 11 | 3.053 | 3.609 | 3.816 | 4.575 | 5.578 | 6.989 | 8.148 | 10.341 | 12.90 | 14.63 | 17.28 | 19.68 | 21.92 | 22.62 | 24.72 | 31.26 |
| 12 | 3.571 | 4.178 | 4.404 | 5.226 | 6.304 | 7.807 | 9.034 | 11.340 | 14.01 | 15.81 | 18.55 | 21.03 | 23.34 | 24.05 | 26.22 | 32.91 |
| 13 | 4.106 | 4.765 | 5.009 | 5.892 | 7.042 | 8.634 | 9.926 | 12.340 | 15.12 | 16.99 | 19.81 | 22.36 | 24.74 | 25.47 | 27.69 | 34.53 |
| 14 | 4.660 | 5.365 | 5.629 | 6.571 | 7.790 | 9.467 | 10.82 | 13.339 | 16.22 | 18.15 | 21.06 | 23.68 | 26.12 | 26.87 | 29.14 | 36.12 |
| 15 | 5.229 | 5.985 | 6.262 | 7.261 | 8.547 | 10.31 | 11.72 | 14.339 | 17.32 | 19.31 | 22.31 | 25.00 | 27.49 | 28.26 | 30.58 | 37.70 |
| 16 | 5.812 | 6.614 | 6.908 | 7.962 | 9.312 | 11.15 | 12.62 | 15.338 | 18.42 | 20.47 | 23.54 | 26.30 | 28.85 | 29.63 | 32.00 | 39.25 |
| 17 | 6.408 | 7.255 | 7.564 | 8.672 | 10.09 | 12.00 | 13.53 | 16.338 | 19.51 | 21.62 | 24.77 | 27.59 | 30.19 | 31.00 | 33.41 | 40.79 |
| 18 | 7.015 | 7.906 | 8.231 | 9.390 | 10.87 | 12.86 | 14.44 | 17.338 | 20.60 | 22.76 | 25.99 | 28.87 | 31.53 | 32.35 | 34.81 | 42.31 |
| 19 | 7.633 | 8.567 | 8.907 | 10.12 | 11.65 | 13.72 | 15.35 | 18.338 | 21.69 | 23.90 | 27.20 | 30.14 | 32.85 | 33.69 | 36.19 | 43.82 |
| 20 | 8.260 | 9.237 | 9.591 | 10.85 | 12.44 | 14.58 | 16.27 | 19.337 | 22.78 | 25.04 | 28.41 | 31.41 | 34.17 | 35.02 | 37.57 | 45.32 |
| 21 | 8.897 | 9.915 | 10.28 | 11.59 | 13.24 | 15.45 | 17.18 | 20.337 | 23.86 | 26.17 | 29.62 | 32.67 | 35.48 | 36.34 | 38.93 | 46.80 |
| 22 | 9.542 | 10.60 | 10.98 | 12.34 | 14.04 | 16.31 | 18.10 | 21.337 | 24.94 | 27.30 | 30.81 | 33.92 | 36.78 | 37.66 | 40.29 | 48.27 |
| 23 | 10.20 | 11.29 | 11.69 | 13.09 | 14.85 | 17.19 | 19.02 | 22.337 | 26.02 | 28.43 | 32.01 | 35.17 | 38.08 | 38.97 | 41.64 | 49.73 |
| 24 | 10.86 | 11.99 | 12.40 | 13.85 | 15.66 | 18.06 | 19.94 | 23.337 | 27.10 | 29.55 | 33.20 | 36.42 | 39.36 | 40.27 | 42.98 | 51.18 |
| 25 | 11.52 | 12.70 | 13.12 | 14.61 | 16.47 | 18.94 | 20.87 | 24.337 | 28.17 | 30.68 | 34.38 | 37.65 | 40.65 | 41.57 | 44.31 | 52.62 |
| 26 | 12.20 | 13.41 | 13.84 | 15.38 | 17.29 | 19.82 | 21.79 | 25.336 | 29.25 | 31.80 | 35.56 | 38.89 | 41.92 | 42.86 | 45.64 | 54.05 |
| 27 | 12.88 | 14.13 | 14.57 | 16.15 | 18.11 | 20.70 | 22.72 | 26.336 | 30.32 | 32.91 | 36.74 | 40.11 | 43.19 | 44.14 | 46.96 | 55.48 |
| 28 | 13.56 | 14.85 | 15.31 | 16.93 | 18.94 | 21.59 | 23.65 | 27.336 | 31.39 | 34.03 | 37.92 | 41.34 | 44.46 | 45.42 | 48.28 | 56.89 |
| 29 | 14.26 | 15.57 | 16.05 | 17.71 | 19.77 | 22.48 | 24.58 | 28.336 | 32.46 | 35.14 | 39.09 | 42.56 | 45.72 | 46.69 | 49.59 | 58.30 |
| 30 | 14.95 | 16.31 | 16.79 | 18.49 | 20.60 | 23.36 | 25.51 | 29.336 | 33.53 | 36.25 | 40.26 | 43.77 | 46.98 | 47.96 | 50.89 | 59.70 |

$n > 30$ ならば $\sqrt{2\chi^2} - \sqrt{2n-1}$ の分布は正規分布 $N(0, 1)$ と見なしてよい.

# 引用・参考文献

## 第 1 章

[1] 武者利光:『ゆらぎの世界』(講談社ブルーバックス),講談社,1980.
[2] George Kingsley Zipf: *Human Behavior and the Principle of Least Effort*, Addison-Wesley Press, 1949.
[3] 木下栄蔵:『事例から学ぶサービスサイエンス』,近代科学社,2009.
[4] 木下栄蔵編:『サービスサイエンスの理論と実践』,近代科学社,2011.
[5] 木下栄蔵:『経済学はなぜ間違えるのか』,徳間書店,2009.
[6] 木下栄蔵:『世界がいま陥っている経済学の罠』,徳間書店,2012.
[7] 木下栄蔵:『忍びよる世界恐慌』(扶桑社新書),扶桑社,2013.

## 第 2 章

[1] 総務省:「平成 24 年度版　情報通信白書」, p.153, 2012.
http://www.soumu.go.jp/johotsusintokei/whitepaper/ja/h24/pdf/index.html
(2015 年 11 月 12 日 確認).

[2] Doug Laney: "3D Data Management: Controlling Data Volume, Velocity, and Variety", *APPLICATION DELIVERY STRATEGIES*, META Group, 2001.
http://blogs.gartner.com/doug-laney/files/2012/01/ad949-3D-Data-Management-Controlling-Data-Volume-Velocity-and-Variety.pdf
(2015 年 11 月 12 日 確認)

[3] 総務省:「平成 24 年度版 情報通信白書」, p.159, 2012.
http://www.soumu.go.jp/johotsusintokei/whitepaper/ja/h24/pdf/index.html
(2015 年 11 月 15 日 確認)

[4] 総務省:「平成 26 年度版　情報通信白書」, p.100, 2014.
http://www.soumu.go.jp/johotsusintokei/whitepaper/ja/h26/pdf/index.html
(2015 年 11 月 18 日 確認)

[5] Jesse Alpert, Nissan Hajaj: "We knew the web was big… (July 25, 2008)", Googleblog, 2008.
https://googleblog.blogspot.jp/2008/07/we-knew-web-was-big.html

引用・参考文献

(2015 年 11 月 11 日 確認)

[6]　総務省：「平成 27 年度版　情報通信白書」，p.304，2015.
http://www.soumu.go.jp/johotsusintokei/whitepaper/ja/h27/pdf/index.html
(2015 年 11 月 12 日 確認)

[7]　Rich Miller："Report: Google Uses About 900,000 Servers"，Data Center Knowledge，2011.
http://www.datacenterknowledge.com/archives/2011/08/01/report-google-uses-about-900000-servers/
(2015 年 11 月 13 日 確認)

[8]　Google，http://www.google.co.jp/

[9]　Bing，https://www.bing.com/

[10]　Yahoo! Japan，http://www.yahoo.co.jp/

[11]　Google マップ，http://www.google.co.jp/maps

[12]　Google Public Data Explorer，http://www.google.com/publicdata/

[13]　ウィキペディア，http://ja.wikipedia.org/

[14]　GitHub，http://github.com/

[15]　Cisco："Cisco Visual Networking Index: Forecast and Methodology 2014-2019"，White Paper，Cisco Public，2015.
http://www.cisco.com/c/en/us/solutions/collateral/service-provider/ip-ngn-ip-next-generation-network/white_paper_c11-481360.html
(2015 年 11 月 14 日 確認)

[16]　「統計年表一覧」，総務省統計局，2013.
http://www.stat.go.jp/koukou/trivia/history.htm
(2015 年 11 月 14 日 確認)

[17]　International Energy Agency の Statistics
http://www.iea.org/statistics/
(2015 年 11 月 18 日 確認)

[18]　「二酸化炭素排出量と消費電力」，Google green，2011.
http://www.google.com/green/bigpicture/#/intro/infographics-1
(2015 年 11 月 18 日 確認)

第 3 章

[1]　日本統計学会編：『日本統計学会公式認定　統計検定 1 級対応　統計学』，東京図書，2013.

引用・参考文献

[2] 日本統計学会編：『日本統計学会公式認定　統計検定2級対応　統計学基礎』，東京図書，2012.
[3] 日本統計学会編：『日本統計学会公式認定　統計検定3級対応　データの分析』，東京図書，2012.
[4] 清水雅彦，菅幹雄：『経済統計』，培風館，2013.
[5] 梅田雅信，宇都宮浄人：『経済統計の活用と論点【第3版】』，東洋経済新報社，2009.
[6] 北川敏男，稲葉三男：『基礎数学　統計学通論 第2版』，共立出版，1979.
[7] 木下栄蔵：『わかりやすい数学モデルによる多変量解析入門　第2版』，近代科学社，2009.

## 第4章

[1] 木下栄蔵：『問題解決のための数学』，日科技連出版社，2014.
[2] 木下栄蔵：『わかりやすい数学モデルによる多変量解析入門　第2版』，近代科学社，2009.
[3] 木下栄蔵：『統計計算』，工学図書，1995.

# 索　　引

**【英数字】**

3Vモデル　　30
AIC　　112
BIC　　113
GDP　　55
ICT　　7
$m$確率　　111
SQL　　60

**【あ】**

赤池情報量規準　　112
一様分布　　92
因果関係　　75
エントロピー　　35
オペレーションズリサーチ　　16
オンライン処理　　108

**【か】**

回帰分析　　106
外部記憶　　45
確率変数　　88
確率密度関数　　90
関係データベース　　60
機械学習　　113
記述統計　　87
近似　　64
区間推定　　98
経済センサス　　54
計算　　44

検索　　51
検定　　103
国勢調査　　54
国内総生産　　55

**【さ】**

サービス　　11
サービスサイエンス　　12
サービスサイエンス資本主義　　10
散布度　　87
サンプリング　　97
サンプル　　97
事後確率　　109
システム　　72
事前確率　　109
自然共役事前分布　　111
ジップの法則　　2
主問題　　16
情報量　　35
推測統計　　87
推定　　97
推定量　　97
ストックサービス　　13
スマート社会　　7
スマートプラネット　　6
正規分布　　95
正の経営学　　16
正の経済　　19
接頭辞　　36

151

索　引

全数調査　96
相関関係　75
双対問題　16

【た】

大数の弱法則　91
代表値　87
チェビシェフの不等式　91
中央値　87
抽出　97
中心極限定理　96, 98
データセンター　80
データマイニング　50
点推定　98
電力　79

【な】

内部記憶　45
二項分布　92
ノード　48

【は】

パーキンソンの法則　7
バイト　33
パレートの法則　4
反の経営学　16
反の経済　19
ビッグデータ　2
ビッグデータシステム　32
ビット　33
標本　97
標本調査　96
フローサービス　13

分散　87
平均情報量　35
平均値　87
ベイズ情報量規準　113
ベイズ推定　109
ベイズ統計　108
ベイズの定理　109
偏差　87
ポアソン分布　94
補間　64
母集団　96
母比率　102
母分散　97
母平均　97

【ま】

マルコフ連鎖　107
ムーアの法則　79
モデル　72
漏れ電流　80

【や】

尤度　109
ユビキタス　31

【ら】

リーク電流　80
離散型確率変数　89
理由不十分の原則　110
連続一様分布　95
連続型確率変数　89

著者紹介

**木下 栄蔵**（きのした　えいぞう）　第1章，第4章執筆担当

　1975年，京都大学大学院工学研究科修了．工学博士．
　現在，名城大学都市情報学部教授．
　2004年4月より2007年3月まで文部科学省科学技術政策研究所客員研究官を兼任．
　2005年4月より2009年3月まで，さらに，2013年4月より名城大学大学院都市情報学研究科研究科長ならびに名城大学都市情報学部学部長を兼任．
　1996年日本オペレーションズリサーチ学会事例研究奨励賞受賞，2001年第6回AHP国際シンポジウム Best Paper Award 受賞，2005年第8回AHP国際シンポジウムにおいて Keynote Speech Award 受賞，2008年日本オペレーションズリサーチ学会第33回普及賞受賞．


**水野 隆文**（みずの　たかふみ）　第2章，第3章執筆担当

　2015年3月，名城大学大学院都市情報学研究科博士後期課程修了．博士（都市情報学）．
　現在，名城大学都市情報学部准教授．
　2004年4月，名城大学都市情報学部助手．
　2014年4月，名城大学都市情報学部助教．

## 統計学でわかるビッグデータ

2016年4月1日　第1刷発行
2017年3月3日　第2刷発行

著　者　木　下　栄　蔵
　　　　水　野　隆　文
発行人　田　中　　　健

発行所　株式会社 日科技連出版社
〒 151-0051　東京都渋谷区千駄ヶ谷 5-15-5
　　　　　　DSビル
電　話　出版　03-5379-1244
　　　　営業　03-5379-1238

検印
省略

Printed in Japan

印刷・製本　河北印刷株式会社

© Eizo Kinoshita, Takafumi Mizuno 2016　ISBN 978-4-8171-9580-7
URL http://www.juse-p.co.jp/

本書の全部または一部を無断で複写複製（コピー）することは，著作権法上での例外を除き，禁じられています．

# 戦略的意思決定法

木下　栄蔵　編著
大屋　隆生，杉浦　伸，水野　隆文　著
A5判　並製　164頁

　21世紀は，意思決定論が重要な課題を解くキーワードとなるでしょう．このようなとき，新しい意思決定論として登場してきたのが支配型AHP（Dominant AHP）です．支配型AHPの新しさは，人間なら誰もがもっている経験と勘という感性情報を，意思決定プロセスにおける重要な要素にしているところにあります．これによって，従来の意思決定手法ではモデル化できなかったり，数量化することが難しかったりしたテーマも，支配型AHPを使えば扱えるようになりました．本書は，支配型AHPと，その発展モデルである多重支配代替案法（一斉法），そして，超一対比較行列をわかりやすく説明しています．
　また，支配型AHPの総合評価値計算アプリケーションを，付属CD-ROMで収録しています．

---

## 主要目次

- 第1章　戦略的意思決定
- 第2章　戦略的意思決定を構成する7つのステップ
- 第3章　戦略的意思決定を支える3つの道具
- 第4章　支配型AHPから一斉法へ
- 第5章　支配型AHPと一斉法の適用例
- 第6章　超一対比較行列の提案
- 第7章　超一対比較行列の適用例
- 第8章　AHPから超一対比較行列までの数学的解釈

# 問題解決のための数学
― わかる！確率・統計・戦略 ―

木下　栄蔵　著
B6判　並製　208頁

　問題解決のための考え方として，数学，そのなかでも確率，統計，戦略が注目されています．

　本書は，確率，統計，戦略について，どのように問題解決に用いるかという視点から，中学生から社会人の方々まで幅広くご理解いただけるように，わかりやすいストーリー形式で解説しました．

――――――― 主　要　目　次 ―――――――

**第1章　確率**
　問題1　丁半の勝ち方
　問題2　ポーカーと確率
　　　　　⋮
　問題12　人口移動現象のナゾ

**第2章　統計**
　問題13　野球のデータの整理
　問題14　データ整理の要点
　　　　　⋮
　問題24　サイコロの細工を
　　　　　検証しよう

**第3章　戦略**
　問題25　週末の遊び方
　問題26　バトルゲームの勝者は？
　　　　　⋮
　問題32　総選挙の行く末